为自己读书

明珠絮语——著

廣東旅游出版社
GUANGDONG TRAVEL & TOURISM PRESS
悦读书·悦旅行·悦享人生
中国·广州

图书在版编目（CIP）数据

为自己读书 / 明珠絮语著 . -- 广州 : 广东旅游出版社 , 2019.6（2023.7 重印）
ISBN 978-7-5570-1631-9

Ⅰ . ①为… Ⅱ . ①明… Ⅲ . ①成功心理–青少年读物
Ⅳ . ① B848.4-49

中国版本图书馆 CIP 数据核字（2018）第 300053 号

出 版 人：刘志松
责任编辑：梁 坚 李 丽 何沛芊
责任校对：李瑞苑
责任技编：冼志良

为自己读书
WEI ZIJI DUSHU

广东旅游出版社出版发行
（广州市荔湾区沙面北街 71 号 邮编：510130）
印刷：北京雁林吉兆印刷有限公司
（北京市密云区十里堡镇红光村 47 号）
联系电话：020-87347732 邮编：510130
880 毫米 × 1230 毫米 32 开 8.5 印张 132 千字
2019 年 6 月第 1 版 2023 年 7 月第 2 次印刷
定价：56.00 元

目录

|第二辑|

上天不会辜负任何一个默默努力的人，我们的每一次努力和付出，都会在将来得到回报。而且，除了世俗的收获，我们还会得到一个大家看不到的回报，那就是生命有了寄托后的快乐。

你在读书上花的任何时间，都会在某一个时刻给你回报

|第三辑|

努力，任何时候都不晚。从现在开始，做一个每天奋力前行的卒子，若干年后，你一定会感激今天的自己。

做一个每天奋力前行的卒子

|第四辑|

也许，在生活中，每个人都是一只风筝。运气好的时候当然会借着风力扶摇直上，万事顺遂，但更多的时候却是没有风的日子，事事艰难。那么，请不必抱怨，你可以跑起来，只要不停下脚步，靠自己的力量，一样可以寻找到属于自己的那片天空。

没风的时候可以奔跑

|第五辑|

命运看起来不可捉摸，但再曲折的命运，也如同手心的掌纹，只要我们握紧双拳，就始终掌握在自己手中。

你的命运始终掌握在自己手中

|第六辑|

我们不能改变生命的长度，但我们可以改变生命的宽度。只要不断地努力，总有一天你会发现，即使是最平凡的人生，也能够与众不同。

生命不只需要长度，更需要宽度

| 第七辑 |

只有你不顾一切找到了那片海，才不枉来这人世间一回。经历了惊涛骇浪、荣辱成败，真正尝到了酸甜苦辣，才有资格和别人淡淡地说一句：人生，不过如此。

人生可以轮回，但你不能苟且

推荐序

非常出乎我的意料，看完这本书稿里的所有文章，居然丝毫没有感觉到累。不但不觉得累，还有一种意犹未尽之感。

究其原因，恐怕只有两个：真实、有用。

书稿中文章的素材，大部分来源于作者平常的生活或真实的新闻事件。和市面上很多东拼西凑的所谓励志故事相比，更加真实、接地气，充满了人间烟火味儿。

毫无疑问，这是一本写给年轻人的书，我觉得这更是一本帮助年轻人成长为主流社会人才的必读手册，所以，无论是家长还是孩子，看了本书都必将获益。

在书中，有一个看不见的“主角”，是作者的儿子。书中不止一篇文章缘起于作者和孩子的交流。从那些文章中，年轻人可以为自己心中的困惑找到答案，年轻人的父母也可以在孩子面对困惑时，找到解决之策。

比如，当孩子提到学习压力过大时，作者抓住机会和孩子进行沟通，既为他减轻压力，又让他保持动力。在《孩子，我希望你成才，更希望你平安》一文中，我们可以完整地看到作者寓生命教育于平时的谈话之中的过程。从孩子的日常生活中发现问题的苗头，适时地做工作，把问题消除在萌芽状态。作者的细心、理性和远见让人佩服。

而面对孩子说做题太累的抱怨，作者写了《上学不苦，那是一生最幸福的时光》，告诉他“长大后你会发现，你找不到一个有人教、有人辅导，只需要一天做几十张卷子就能保证你衣食无忧的工作”，让孩子知道在学生时代，自己不但拥有青春，拥有健康，拥有梦想，更拥有内心单纯、人际简单、无忧无虑的生活。

关于年轻人对于读书的困惑，作者用大量事例告诉孩子，“读书让你将来拥有选择的权利”“不要在最该努力的年龄选择放纵”“你在读书上花的任何时间，都会在某一个时刻给你回报”，甚至举出自己年轻时的负面例子，告诉孩子“人生最令人感到痛苦的不是我不行，而是我本可以”，千万不要等终于懂得了人生，却错过了最好的年华。

如果你是一位学生家长，对孩子的青春叛逆及成长过程中你所产生的担心和焦虑避无可避；如果你是一位正在上学或刚刚步入社会的年轻人，对努力的困惑、对前途的迷茫总萦绕心中，这些情况，都能够在这本书中找到解决办法。

作者不是站在高高的地方指手画脚，而是静静地陪在你的身边娓娓道来。看这本书，犹如有一个循循善诱的师友，同你谈天，和你交心，在不知不觉中，解决了你的问题，让你的思想得到了升华，真正做到了润物细无声。

这是一本好书，值得一读，更值得收藏。

北京大学博士生导师　郝建奎

2018 年仲夏写于燕园

前言

有人说，教育孩子是父母一生最重要的事业。

的确如此。一个人无论在事业上取得多么大的成功，如果在孩子的教育上是失败的，人生也难免会有缺憾。当然，没有家长不重视教育，每一个年轻的父母，都对孩子的未来有着无限美好的憧憬。

但教育是一门科学，不仅包含文化课的学习，还包括心理的疏导、性格的培养、意志品质的锻炼、人生观和价值观的形成等方方面面。孩子在成长过程中遇到的问题也千奇百怪。如果教育不得法，家长往往空有美好的愿望，却收不到想要的效果。

在旁人眼里，我是一个成功的家长，因为孩子从小到大都是人们常说的那种“别人家的孩子”。我的儿子不仅性格开朗、成绩优异、多才多艺，还考上了名牌大学。所以，经常有人向我咨询孩子的教育问题，有亲朋好友，有身边的同事，也有慕名而来的陌生人。很多人都羡慕地说："你们碰到了一个省心的孩子。"

其实，世上没有省心的孩子，只有会操心的父母。每个孩子的培养过程都是艰辛的，都会遇到成长中的各种问题。每一个成绩优异的孩子背后，必然有父母和孩子本人不为人知的努力。我们的孩子并非天资超群，也曾任性叛逆，也曾失望彷徨，也曾受成绩下滑之苦，也曾有情感纠结之惑，他只是一个最普通的孩子。

作为教师，我有机会接触到丰富多彩的教育案例，作为父亲，我可以以家长和教师的双重视角看待教育中的问题。我们深知，孩子的成长没有捷径，需要有正确的方法，持之以恒地付出，坚持不懈地努力。

著名主持人陈鲁豫说："世界上，大家的智商都差不多，谁都不比谁聪明多少，谁都不比谁笨多少，最终决定命运的还是认真和努力。"而在努力和奋斗的过程中，难免会遇到挫折和阻碍，感到困惑和彷徨，身体与灵魂都需要得到正确的指引与帮助。

这些恰恰是本书想告诉你的内容。书中我通过大量的案例，告诉家长应该如何和孩子进行沟通，及时化解他们在学习、生活中遇到的问题。同时，我希望本书教会青少年正确地把握自己的未来。

这不是一本励志书，这是一部青少年成长的人生指南。读懂了这本书，孩子就会离成功的目标又近一步。

明珠絮语

2018 年于书房

01

第一辑

你生下来
不是为了给别人鼓掌的

我们生下来不是为了给别人鼓掌的。每一个孩子都是上天派来的精灵，都应该在人生的舞台上尽情表现自己。

你生下来不是为了给别人鼓掌的

台湾女作家刘继荣《坐在路边鼓掌的人》这篇文章曾红遍大江南北，并被2012年浙江省高考作文选为背景材料。

文章中说，女儿的班里总共有50个人，每每考试，女儿都排名23，久而久之，便有了“23号”这个雅号，成了名副其实的中等生。但就是这样的一位“中等生”，却被班里学生全票推选为“最欣赏的同学”。作者开玩笑地对女儿说：“你快要成英雄了。”女儿却认真地说：“我不想成为英雄，我想成为坐在路边鼓掌的人。”

文章确实够“鸡汤”。但如果我们的孩子真的以“坐在路边鼓掌”自勉，恐怕会误入歧途。因为在人生的舞台上，我们都是演员，没有谁是观众。

更确切一点说，我们每个人既是观众，也是演员，我们在给别人鼓掌的同时，也需要得到别人的掌声。

如果我们只是坐在路边给别人鼓掌，那么我们人生的意义又体现在哪里？

美国著名教育家戴尔·卡耐基在《人性的弱点》里曾说过“人与动物之间最明显的区别之一，就是对于受人尊重的渴望。”他还举了自己亲身经历的例子来说明。

卡耐基小时候，父亲饲养良种杜罗·杰赛猪和正宗的白脸牛，常常在中西部的集市及家畜展销会上展示，获得过几十个头等奖。

父亲用别针把蓝缎带奖章别在一条白布上，每当朋友或客人来家里，他就取出这条长布带，向客人展示这些奖章。其实，猪和牛不会在乎它们得到了什么奖章，但是父亲却很在乎，因为奖章给他带来了一种“重要感”。

卡耐基还罗列道，正是对这种“重要感”的渴望，激励着一贫如洗的杂货店店员林肯学习法学书籍，激励着狄更斯完成他那些不朽的小说，激励着克利斯托弗·雷恩爵士在石头上创造出他的交响乐，使得洛克菲勒积累了几辈子也花不完的财富。也正是这种内心的强烈欲望，促使你想穿最时髦的衣服，驾驶最新款式的汽车，和别人谈论你的子女有多么聪敏伶俐。

确实，自我表现是人类的天性，没有任何一个人愿意一直坐在路边的角落里，为别人鼓掌喝彩。事实上，刘继荣的女儿只是学习成绩不突出，文体特长不明显，但她绝对不是什么都没做，还被推选为“最欣赏的同学”。

刘继荣在文章中，描述了郊游的几个片段：

野餐的时候，两个小男孩同时夹住盘子里的一块糯米饼谁也不肯放手，更不愿平分，多人劝解无效，是女儿用掷硬币的方法轻松打破了僵局；路上堵车，一些孩子焦躁起来，女儿的笑话一个接一个，全车人都被逗乐了；女儿一边讲笑话，手底下也没闲着，她用装食品的彩色纸盒，剪出许多小动物，到了下车的时候，每个人都拿到了自己的生肖剪纸，引得孩子们连连道谢……

这情商，已经让刘继荣的女儿获得了满堂喝彩，如果这次郊游是人生大戏中的一幕，那么她在这一幕里已经站在了舞台的正中央，收获了“重要人物”的感觉。相信这样的情景，在刘继荣女儿的校园生活中也会经常出现。

我想，刘继荣女儿的故事之所以打动了很多人，是因为我们在“以分数论英雄”的思想里沉浸了太久。如果我们跳出传统的思维，就会发现人家本来就很优秀，只是文化课的成绩不太突出而已。更进一步说，其实刘继荣写这篇文章，又何尝不是在展示自己女儿的优秀，收获着一种受人尊重的感觉呢!

刘继荣女儿的经历让我们知道，优秀并不一定只是体现在学习成绩上。其实，我们每个人都有资格赢得最热烈的掌声，只是很多时候，我们缺少发现优点的眼睛和机制，应试考试的洪流淹没了太多孩子的个性发展。

我们的孩子生下来不是为了给别人鼓掌的。每一个孩子都是上天派来的精灵，都应该在人生的舞台上尽情表现自己。

其实人生有多个舞台，上学、考试只是其中的一个。即使成绩不好，我们要做的，也不是甘于平庸，而是善于发现自己的优点。人生的价值是多元化的，社会的评价机制也是多元化的，只要我们能发现自己的亮点，发挥自己的特长，就会收获属于自己的掌声。

拥有成功的光环，苦难才会成为勋章

老家一位侄子考上了重点大学，收到录取通知书后家里人一起吃饭庆祝。

在酒桌上，他的伯父，我的堂兄，照例是侃侃而谈的主角。堂兄是本地数得上的富豪，也是我们整个家族当中最有出息、最有地位的人，办事有能力，说话有分量。面对将要升入大学的晚辈，堂兄又讲了一遍他的奋斗史：

我小时候家里很穷，不像你们现在，要啥有啥。

作为家里的老大，上有体弱多病的父母，下有还在上小学的弟妹，我初中没毕业就开始挣钱养家。

开始在建筑工地做小工，一天累得要死，才挣1.5元钱。后来做小生意，去广州进货，坐三天三夜的硬座火车，怀里抱着货款，根本不敢合眼……

堂兄的故事我听过很多次，讲的确实都是实情，也是孩子们绝好的励志素材。其实在每个家族里，都有这样一位德高望重、久经沧桑的成功人士，他们奋斗的历程、他们曾经受过的苦难，都变成了励志故事。在酒桌上，在闲谈中，他们讲出自己的故事，给晚辈以人生指导，享受晚辈尊敬的目光。

在生活中，很多功成名就者，都有一段艰难的奋斗史，这样的例子比比皆是。

刘强东考上了大学，所有的亲戚朋友还有全村的村民，大家拿出2分、5分的硬币，最多的给了1元，集资了500元。然后，全体村民把所有的鸡蛋都拿出来，一共是76个鸡蛋。外婆帮他把500元缝到内裤上，他背着76个鸡蛋去了北京。此后，他再没有了经济来源，靠自己的打拼度过了学生时代，后来创业成立了京东商城。

新东方的创始人俞敏洪，考了3次才上了大学，到大学后穿带补丁的衣服，连普通话都不会说，还得了一场大病在医院

住了一年。毕业后好不容易申请到了出国留学资格，却凑不齐出国的学费，只好办培训班挣钱，结果被学校处分。

如今，他们早已成为成功人士，站在舞台的镁光灯下讲述曾经的苦难，那段不堪的历史已经成了他们的勋章。他们成了很多人的励志偶像，他们奋斗的故事，也在激励着无数年轻人。

少年时艰难的不少，有资格在众人面前讲述自己少年艰难者却很少。因为，很多人虽然经历了苦难，但没有机会讲出自己的励志故事。

2018 年高考后，因为一篇《感谢贫穷》而引起关注的王心仪同学。也因为她考上了北大，她的文章得到了更多的关注，并受到媒体的热捧，甚至成为人们励志的偶像，享受社会各界锦上添花的赞美。

从某种意义上讲，励志其实是一种结果，而不是一种过程。主人公拥有一个完美的结局，他的苦难才能成为励志故事，才更有说服力。如果他没有成功，可能苦难就只是苦难。

年轻时的苦难是一种财富，那是因为你战胜了苦难。如果苦难带给你的是失去了青春、机会，失去了亲人、健康，让你每天挣扎在生与死的边缘，一辈子孤苦无依，你对苦难可能只有诅咒和恨。对于年轻人来讲，励志的话，该听，励志的故事，该看。那些故事应该成为我们前进路上的兴奋剂，而不是甘于现实的麻醉剂。

我们要做的，不仅是欣赏别人的励志故事，而且要让自己变成故事的主角。否则，那些苦难只是压断我们脊梁的沉重负担，没有任何积极的意义。

靠自己生活，灵魂都是安宁的

在某论坛里，有一则“神帖”。

楼主说自己一直在啃老，可是最近家里发生了变故，没有钱继续生活下去，他又不想出去工作，“打工是不可能的，这辈子都不可能打工的”，只好考虑在朋友家借住，蹭吃蹭喝，求大家给自己建议。

帖子连续发了三四年，内容都差不多，楼主除了啃老，就是家里蹲，唯一的爱好是画漫画，水平也不怎么样，还不思改进。

快 30 岁的人了，他没有任何收入，也没有进修过什么技能，整天做白日梦，幻想得到别人的帮助。甚至，到朋友家借住的火车票费用，还要朋友给报销。

有意思的是，这几年在帖子下面留言的网友，有的考研成功，有的换了好工作，有的结婚生子成家立业，只有楼主岿然不动。这位楼主，俨然成了一个反面典型：人们看到他，想到自己再怎么也应该比他努力，便去做自己该做的事情去了。

我的一位朋友，家境殷实。他的孩子，当然也算是个小小的富二代，每月的零花钱超过了很多人的月家庭收入。孩子在大学里的专业是化工合成，常常拿着几本砖头厚的化学手册来研究。发朋友圈的时间，也是凌晨居多，朋友圈的内容，不是看文献，就是在实验室里等做测试，显然比其他同学更为努力。

据说，有一次为了赶论文，他和组里的同学熬了两天两夜没休息，其他同学见到他的时候，他整个人都有些脱相。化工累，工作苦、掉头发、难出成果，早就尽人皆知。有一次我问他，你完全可以学一个简单的专业，然后随便做点理财投资，生活还不是轻松愉快？

他说，自己就是喜欢科学研究，从小兴趣就在这个方面。家里的钱，毕竟是父辈赚来的，而自己努力做出来的东西，才算自己的成就啊！

每到假期，许多大学生都在自己想办法赚钱，出门打工、摄影约片、做家教等。其实，很多人都出身于小康家庭，家里并不缺这点钱。去工作，就意味着每天回到家，满手满身的油渍汗味，或满心的疲惫。但显然他们能够收获到另外的东西。

几个要好的朋友家庭聚会，其中一家的孩子来得晚了些，是在超市兼职打工，刚刚下班赶过来的。她不断吐槽在货架旁站了一天，仿佛回到了军训的时候，腰酸背痛，可收入却低得可怜。然而，靠自己努力得来的收入，和向家里要来的钱，是完全不同的。

“用自己的钱，买自己想要的东西，感觉特别自豪。”她说。

看过一期涂磊主持的节目，大致是这样的：

一位叫马骁的女孩，是单亲家庭的孩子，和母亲在一起生活。母亲是在 KTV 上班，一个月才挣 5000 多元。但母亲为了马骁能够有一个好的未来，在中学时把她送进了贵族学校。可她不但不理解母亲的苦衷，还处处和同学攀比，学习成绩当然也不理想。后来，马骁又想学艺术，母亲虽然不同意，最终也还是依了她，花很多钱让她去学习。在讲述这些故事的时候，在场的嘉宾都不住摇头。

当时，马骁勉强上了一所师范院校，毕业后去廊坊一所学校当老师，月工资不高。这时候，她饱尝了生活的艰辛，在工作中也受了很多委屈，明白了这么多年来母亲的不容易。

马骁发生了巨大的改变，她在工作中特别努力，年纪轻轻就被任命为学校下属分校的副校长。她现在虽然挣的钱仍然不多，但已经学会了节俭，知道给母亲买礼物，变成了一个自食其力、努力向上的青年，变成了一个孝顺懂事的女儿。这样的转变，得到了现场主持人和嘉宾的一致赞许。

路遥在《平凡的世界》中说："靠自己生活，灵魂都是安宁的。"

"靠山，山倒；靠人，人跑"，父母总有老去的时候，朋友总有离开的时候，环境总有改变的时候，只有自己才是自己最大的依靠。

无论环境如何、有没有依靠，个人的奋斗都是要排在第一位的。努力学习，不断提升自身的能力，靠自己的双手过上想要的生活，才能活得踏实，活得有成就感。

读书让你拥有更多的选择

有两则新闻，对照着看特别有意思。

一则是南京的大学生魏鹏涛，大学毕业后回到母校创业卖煎饼。小店才开了 4 个月，营业额非常可观，据说可以月入 13 万元！而且，他还有更高的追求，希望打造高校“煎饼联盟”。另一则新闻也发生在南京，19 岁的女孩小赵高中毕业后，因为分数不够而没能考取本科。于是，父亲便让她到南京和自己一起做韭菜合子生意，并打算日后给女儿开个店。

一个是卖煎饼，一个是卖韭菜合子，现在生意都不错，将来都想把生意做大，看起来情况差不多。可是，网友对前者给予了更多的赞美。

这两个人最大的区别在于，一个上了大学，另一个没有上大学。而反映到生意上，我们可以做一番对比：

魏鹏涛和小赵，一个是“煎饼一代”，一个是“韭菜合子二代”；前者是自己创业，后者是父亲安排；前者是在大学校园，后者是在街边摆摊；前者想在高校做成“煎饼联盟”，后者想租个门店……

两个人格局的差别，一目了然。魏鹏涛显然比小赵拥有的潜力更大。甚至可以说，一个人上过大学，就算不做和大学专业相关的工作，其个人能力也能得到很大提升。

上大学的作用是什么，毕业后要不要做和专业相关的工作，一直是一个值得讨论的问题。

儿子在一所不错的大学读书，所学专业的排名在全国高校当中居前两位。但他仍然对所学专业存在困惑，觉得是不是必须一辈子从事与专业完全相关的工作。现在的年轻人，似乎愿意“从一而终”的不多，他们心里有各种各样的想法。我们经常在一起探讨，我的观点是：

你现在的任务是高质量地完成自己的学业，同时发展自己的爱好，锻炼自己的能力，寻找各种机会。你将来的人生，不一定和你所学的专业相关，但一定和你大学的经历相关。

大学教育已经渐渐成为每个人必备的经历，我们最大的收获，是在学校期间所受的熏陶，能够让我们开阔视野，积累经验，增长见识。

爱因斯坦说过，所谓教育，就是把学校学到的东西忘光之后剩下的东西。此言不虚。

大学是一个宝贵的平台。我们大多数人，现在做的工作都根本没有用过大学课本里的内容，但在大学里所受的教育，乃至大学里的生活经历，都已经融入血液，影响着我们的一切。这才是大学教育的意义。

大学教育不仅让我们拥有了一纸学历，还让我们的人生有了更多选择。有句话说得好，读书或许并不是唯一的出路，但读书至少能让你多一条出路。

回到文章开头那两则新闻。上过大学的魏鹏涛，将来不卖煎饼了，他还可以去自己所学的专业领域内求职做事。而高中毕业的小赵，如果韭菜合子卖不动了，最大的可能是还会选择一个类似的小本生意。他们未来人生的自由选择度，是存在区别的。

当然，两个人都有把生意做大的机会和可能，但显然觉得魏鹏涛能够成功的人更多。而我们对他们两个人的态度，其实就是我们对读书的态度。

不要在最该努力的年龄选择放纵

说实话，虽然在教育儿子时我一直以一个威严的父亲形象出现，但我自己的学生时代，绝非是正面榜样。

我上中学时，经常旷课逃学，和老师顶嘴，各种违纪，以至于很多老师最后都对我有些放弃。记得到了高三，我特别不喜欢化学老师，于是我“不给他好好学”。有时候懒得做化学作业，就只在作业本上写上题号，然后在题号后面写一个“略”交上去。老师也不生气，不打对勾也不打叉，只是写一个“阅”字或日期再发回。就这样，我和化学老师达成了某种程度的默契，我不学，他也不管。当然，事实证明我这样做的结果是自作自受。高考时，我的化学成绩不及格。

靠着小聪明和好运气，我高考时其他科目发挥得还不错，也顺利考上了大学。但上的是省内一个普通的本科院校，和班里那些考上名校的同学相比，显然被拉开了距离。可悲的是，到了大学之后，我更有了船到码头车到站的想法。因为那时候大学生是包分配的，考上大学，转了户口，毕业之后就会有一个稳定的工作，这是很多农家子弟奋斗的终点。于是，喝酒、打牌、旷课、睡懒觉，成了我大学期间的常态。

一次哥哥出差，路过我上学的城市，去学校看我。当他推进宿舍的门，发现我旷课，正在宿舍里和同样懒散的同学们打牌，甚至都没空和他说话。哥哥后来和我说，我再也不来看你了！本以为你上学多么辛苦，没想到却是这样！

一晃 4 年，很多努力学习的同学都考上了研究生去深造，我则被分配回了家乡的小县城。本以为，上班后就会有大好的前程，没想到，等着自己的只是平淡的工作和一眼就能望到头的日子。

我当然心有不甘，于是利用一切可能的机会，想在职业上有所进步，想在商场上取得成功。但几番努力之后，发现自己仍然是一无所成。有一位直爽的朋友断言：“你发不了财，也当不了官。”一直在社会上摸爬滚打的他，早就洞悉了社会的规则。我当然心里不服，可事实证明，朋友说得极对。

作为从社会底层走出来的孩子，最好的奋斗途径还是好好上学，最可倚仗的东西只能是自己的勤奋和努力。可以说，学生阶段是人生中最公平的时代，你只要努力学习，就有极大可能收获一个好的结果。

而当你走上社会，就知道改变人生是多么艰难！看看当年那些学习比自己努力、成绩比自己突出的同学，他们大多都在大城市里站稳了脚跟，不但为自己赢得了一片天地，也为下一代打下了良好的基础。

可以自豪地说，在周围的同龄人当中，我现在是最努力的。近 10 年来，我几乎天天都坚持写作，在报纸及杂志公开发表的文章有几千篇，在自媒体领域也发展顺利。

我也会和朋友开玩笑说，我把人生过反了，在最该努力的年龄选择了放纵，而在本该享受生活的年龄开始努力。也许，这就是生活的公平。

当你在不该偷懒的时候偷了懒，那么总有一天你会面临这样的选择：或接受当年自己亲手种下的苦果，或付出加倍的努力去追赶别人。

我知道，只是因为我在上学时放松了几年，以至于到今天我还在追赶。所以，我经常会在文章里告诉孩子们，一定要在最该努力的时候倾尽全力，否则，辜负的不仅是大好的青春，更是自己的美好前途。

人生最遗憾的不是我不行，而是我本可以

儿子刚上大学的时候，和我说过不止一次，说他经常会做梦又回到了高中，正在准备参加高考。他不无遗憾地和我说："其实，上高中时我并没有尽全力啊！如果从一开始就特别努力，我也可以考上清华。只是，现在后悔也晚了，总不能再来一次，去复读吧！"

我知道，他对现在的学校不满意，对过去的自己不满意。本来，他可以做得更好，或许是由于任性，或许是由于懒惰，上高中时时有松懈，经常会假装努力，以一种低效率的勤奋欺骗自己和别人，所以看到同学们考上了更好的学校，心里有些后悔。

我对他说，现在后悔高中没有努力已经没用了，你现在需要做的，是把大学这几年过好，不要等毕业了，再后悔大学这几年白过了。

其实不仅儿子，我自己也常常后悔不已。

记得多年前，去北大找同学玩，一起在未名湖畔散步聊天。我对他说，当年咱们班同学当中我最佩服的就是你了，成绩最好，考上了国内最好的名校。他悠悠地来了一句，其实我也挺佩服你的，高中时那么天天混日子，居然最后也能考上大学。

想想自己在高中时代，经常和老师顶嘴，旷课简直是家常便饭。记得那年7月，从高考的考场出来，我就知道自己完了。回到家，我和父母哭着说对不起他们，我向他们保证，让我复读一年，一定能考上清华北大。没想到，等分数下来，居然还不太低，上了一所普通的本科学校，最终有了一份普通的工作，过上了现在的日子。

同学的话，是谦虚，是客套，也有那么一点点真实。在我的耳朵里，听起来更是另一种滋味。几年的放纵，换来的是一生的差距。往事不堪回首，但心中确有悔意。也是多少次梦回

中学的教室，只是，人生不能重来。

我们每个人，总是在走过来之后，才明白曾经是多么可贵。

2017 年暑假，河南一位农民工在河南省实验中学施工时，写在教室黑板上的一番寄语，曾感动了无数人：

不奋斗，你的才华如何配上你的任性；不奋斗，你的脚步如何赶上父母老去的速度；不奋斗，世界那么大，你靠什么去看看。一个人老去的时候，最痛苦的事情，不是失败，而是我本可以。每个人心里都有一片海，自己不扬帆，没人帮你启航，只有拼出来的成功，没有等出来的辉煌！

那位农民工在工间休息时，从朋友圈看到了这段文字，回忆起自己年少求学的岁月，同时又想念家中读初中的儿子，有感而发，他想激励城里的孩子不负美好时光。那天，他心情激动，还在休息的教室里拍下了自己满含泪水的模样。

说实话，那位农民工是在写给正在上初中的儿子，写给所有年轻的学子，也是在写给自己已经逝去的青春。彼时彼刻，他站在熟悉又陌生的中学教室里，和孩子们是一种完全不同的感受。正因为自己过了人生最好的年华，才知道奋斗的意义，才会发自肺腑地告诉孩子们：要努力。

有一项调查说，92% 的人后悔年轻时努力不够导致一事无成。注意，不是后悔一事无成，而是后悔不努力导致一事无成。我们因为能力不够、实力不济，没有实现心中的愿望，这没有什么可以遗憾的。

也许，我们曾经想当世界首富，结果却发现，无论怎么努力也超不过比尔·盖茨；也许，我们曾经酷爱篮球，结果却发现，天天训练也赶不上姚明；也许，我们曾想身居高位，实现自己的政治抱负，结果却发现，在单位里自己说了都不算。

这些，其实都很正常，因为有些事并非仅凭自己的主观努力就能实现，当然也就用不着后悔。我们最应该后悔的，是自己本来有能力实现理想，却由于没有努力而让机会从自己的手边溜走。

在中学课本里收录王安石的《游褒禅山记》很有深意。“力足以至焉，于人为可讥，而在己为有悔；尽吾志也而不能至者，可以无悔矣，其孰能讥之乎？”力量足以达到目的（而未能达到），在别人（看来）是可以讥笑的，在自己来说也是有所悔恨的；尽了自己的主观努力而未能达到，便可以无所悔恨，这难道谁还能讥笑吗？

人生没有后悔药，不要等终于懂得了人生，却错过了最好的年华。这个世界上有一种悲哀，是等长大之后才明白，自己一生最重要的时光，竟然已经被自己轻易错过。

千万不要等自己做了家长，把自己的教训苦口婆心地讲给孩子听。

努力做好自己，不给自己留遗憾，就是最完美的人生，才能每天坦然地进入梦乡。

把贫困的烙印变成身上的勋章

刘强东曾在《开讲啦》上面说过一个故事。他给母校中国人民大学捐了1000万元，用于资助家里穷、经济困难的学生。没想到过了一两年，人大的相关负责人跑过来对他说，这个助学金不好发，就连申请的人都非常少。

刘强东非常纳闷，自己上学的时候，班里的助学金名额很少，申请的人非常多。那时候，班里70%的同学来自农村，基本都会去争这个助学金。现在有了助学金竟然没有人申请，是现在的穷学生思想变了吗？人大的负责人对他说，现在的人大跟你们那时候完全不一样，能够上人大的，来自农村的学生可能连30%都没有。

现在寒门学子进入顶尖名校越来越难，已经成了一种现象。比如北京大学教育学院教授刘云杉统计了 1978—2005 年北大学生的家庭出身情况后发现，在 20 世纪 80 年代，三成以上的北大学子出自寒门，而 2000 年之后，考上北大的农村子弟仅占一成多。而另一项研究则显示，20 世纪 90 年代后，考上北大的精英子弟比例快速攀升，这些精英只占全社会人口的 1.7%，却有 40% 的北大学生诞生于这样的家庭。2016 年的数据显示，北大录取的 3363 名本科生中，农村考生只占 16.3%，其中包括在博雅计划、逐梦计划等农村专项计划支撑下录取的 310 人。而同年，清华录取的 3300 多名新生中，只有 25% 来自县级以下高中。也就是说，真正考入顶级名校的寒门学子其实非常少。

记得儿子曾经很认真地和我说过，在他所在宿舍的几名同学中间，我们家经济条件是最差的。我当时感觉很诧异，因为自己毕竟属于工薪阶层，而且还一直有着不错的稿费收入，在自己所在的小地方完全可以称得上小康之家，从未让儿子在经济上感受过困窘。但儿子说，其他几位同学都来自大中城市，一位家里有工厂，另一位的家长是成功的商人，还有一位的家长在某大型国企任中层领导，家境远比我们好得多。

更重要的是，我们的差距不仅仅在经济方面，在很多软实力方面，更是差距巨大。儿子举例说，宿舍一位同学的父亲，小提琴拉得不错，一家人去北京，偶尔还会一起听一场音乐会。我们夫妻两个则是五音不全，听交响乐简直就是受罪，根本欣赏不了其中的美。就连儿子自傲的英语，也比不过别人。虽然儿子高考时英语考了 140 多分，四六级裸考一次通过而且都是优秀标准，但比起同学们来仍然有很大不足。比如在口语方面，他的英语简直就是“方言”，一些发音从老师教的时候就有些不标准，其他同学的口语则纯正得多。当然，这也并不奇怪，本地小学的英语教师，大多是中专毕业，没学过几年英语，而在一些大城市的中小学，教师学历都已经是硕士甚至博士生了。

身处小城镇的儿子尚有这样的感受，那些来自最底层的农村娃，恐怕感受会更深，和别人的差异会更大。

毫不夸张地说，出身其实是一个人的胎记。寒门学子难进名校，就算进了名校，也难以抹去贫困的烙印，经济上的贫困以及因此带来的精神上的贫乏，可能会伴随他们很长时间。

条条大路通罗马，人家却一出生就在罗马，这确实是很多寒门学子正在面临的现实。怎么办？唯一的选择，是继续奋斗。出身贫寒会影响我们的起点，但绝对不会决定我们人生的高度。

我们都听说过刘强东上大学时，亲戚朋友、全村村民给他集资凑学费，他背着 76 个鸡蛋去北京的故事；我们也听俞敏洪讲过，他刚上北大时，长得土气，穿补丁衣服，不会说普通话，没有任何文体特长，不敢和女生交往，甚至因此积郁成疾，害了一场肺结核，因此休学一年。但这些，都没有影响到他们最后的成功。

有一种人生的成功，叫把自己吃过的苦，笑着讲出来。

当刘强东看到早餐的茶叶蛋想起自己当年的不易，当俞敏洪在演讲台上平静地说出自己当年的平凡与自卑，我们只会投以敬佩的目光。

贫困当然在他们身上留下了永久的烙印，但那更像是一枚勋章，告诉我们奋斗的可贵。

生在富贵之家当然是一种幸运，如果我们没有那样的幸运，那么只有选择继续努力。

所谓三代培养一个贵族，如果生下来不是贵族，那么不妨做第一代的开拓者。刘强东的女儿，将来看到茶叶蛋不再会有人生的感慨，俞敏洪的孩子，也不再不会讲普通话，不再没有特长，不会再羞于和异性接触。

每年高考，仍然会有许多寒门学子完成人生的逆袭，暑假过后，他们将会进入大学的校园。

继续奋斗吧！只要我们足够努力，就能把贫困的烙印变成身上的勋章，总有一天，我们也能笑着说出自己吃过的苦，感受别人尊敬的目光。

命运不会抛弃心中有梦想的人

我很少被一些所谓的励志故事感动，但看完《河北青年报》报道的王心仪同学的故事以后，心里却久久不能平静。我特别吃惊，没想到现在还有孩子像几十年前的我们一样，生活在极度的贫困之中，更没想到面对生活的贫困，一个小女孩表现出来的与年龄不相符的豁达与成熟。

王心仪是河北枣强中学的高三毕业生，2018 年高考考了 707 分，已经被北京大学中文系录取。当北大的录取通知书寄到王心仪家时，她正只身一人在异地打工。家境贫困的她在高考结束后，经高中物理老师介绍去了保定一家辅导机构做辅导员。王心仪在被北大录取之后，她在中学时代写的一篇关于自己、关于贫穷、关于希望的名为《感谢贫穷》的文章，也开始在网上流传。其中的诸多“金句”，令人印象深刻。

生活，才刚刚揭开她的面纱。

这句话写的是王心仪8岁那年，姥姥被诊断出患了乳腺癌，这使得幼小的她第一次直面贫穷与生活的真相。她以冷静的笔触写道：“可能有钱也未必能挽救姥姥的生命，但经济的窘境的确将一家人推向了绝望的深渊”。最终，“姥姥的生命像注定熄灭的蜡烛，慢慢地变弱、燃尽，直到失去最后的光亮”。

8岁的孩子眼中的这一切，真让人心碎。当今社会，每一个父母都在竭力掩盖生活的不易，把最光鲜美好的一面给孩子。而王心仪的父母没有能力做到这一点，他们不得不让8岁的王心仪看到了生活最残酷的一面。其实，贫穷也好，富裕也罢，每一个家庭都有每一个家庭的不易，迟早有一天，生活的面纱都会在孩子们面前揭开。真的希望，在看到生活的真相之后，每一个孩子都能像王心仪那么懂事。

幸福不是因为生活是完美的，而在于你能忽

略那些不完美，并尽力地拥抱自己所看到的美好与阳光。

三年级时，王心仪和弟弟去乡里上学，母亲要每天接送。家里只有一辆自行车，王心仪坐在后座，弟弟坐在车子的大梁上。母亲体弱，每天他们都会上下学跑上一公里，既锻炼身体，又减轻了母亲的负担。

一次下大雪，雪积了有一尺厚，妈妈裹着棉袄，顶着风，走到学校去接他们。回家的路上，她和弟弟一边玩雪，一边和妈妈说当天学的新知识，三个人一直走到天黑才到家。可以想象当时的情景，呼啸的大风、厚厚的积雪、瘦弱的母亲、幼小的孩子，那是怎样一幅令人心酸的画面！但他们母子三个，却能一路欢笑，苦中作乐。

王心仪懂得了：幸福不是因为生活是完美的，而在于你能忽略那些不完美，尽力地拥抱自己所看到的美好与阳光。

有人说，真正的勇敢，是知道了生活的真相之后，仍然热爱生活。王心仪无疑是一个勇者，她敢于直面生活、热爱生活，不断发现生活中的幸福与美好。而在生活中有太多的孩子，条件可能比王心仪好上十倍百倍，却天天活在抱怨当中。

他们不知道，这个世界上其实有比物质的满足更宝贵的东西。

我从卑微处走来，亦从卑微之处汲取生命的养分。

看到这句话，我特别震撼，马上去网上搜索，却没有查到原句。看来，这句话是王心仪的创作，至少，是在化用。

一个十几岁的花季女孩，在学校花的生活费是平常孩子的一半，每次买饭就买一些大白菜，舍不得吃点荤菜，甚至连新衣服都买不起，只能穿亲戚们穿过的那些不合身的旧衣服。她从小没有玩具，没有零食，没有电子游戏，她只有在农村的田野里嬉戏，活在农村的落后与闭塞当中，但她却仍然感谢贫穷，感谢上天的恩惠与祝福。

一句“我从卑微处走来，亦从卑微之处汲取生命的养分”，也许比起“愿你走出半生，归来仍是少年”少了一些小资情调，却多了一分执着与顽强。一个不屈少年的形象，跃然纸上。

物质的匮乏带来的不外是两种结果：一个

是精神的极度贫瘠，另一个是精神的极度充盈。而我，选择了后者。

王心仪说，贫穷可能动摇许多信念，却让我更加执着地相信知识的力量。贫穷可以使人自卑，让人失去奋斗的信心和勇气，贫穷同样可以激起斗志，化为我们前进的力量。我们不可以选择自己出身的家庭，但我们可以选择面对困难时的态度。虽然王心仪的家庭是贫穷的，但她那份自信和顽强，值得每一位年轻人学习。她的身上并没有一件名牌，但她的脸上，永远散发着自信的光彩。

命运不会抛弃心中有梦想的人，即使在贫穷的土壤上，照样可以开出绚烂的梦想之花。贫穷并不值得感谢，贫穷也从来不值得赞美，但无论贫穷也好，富裕也罢，生活带给我们的一切，都值得我们感恩。

每个人的家庭条件不同，但我们每个人的选择都应该一样，就是不论起点如何，都要在现有的基础上不断奋斗，认真、努力地活下去。青春是用来奋斗的，年轻是用来努力的，正如王心仪同学在学校高考前的百日誓师上说的那样：

> 奋斗不怕起点低，一分一秒都是拼搏的阵地，都是可贵的机遇。只要站起比跌倒多一次，我们便没有辜负这段青春、这段韶光！

02

第二辑

你在读书上花的任何时间，都会在某一个时刻给你回报

上天不会辜负任何一个默默努力的人，我们的每一次努力和付出，都会在将来得到回报。而且，除了世俗的收获，我们还会得到一个大家看不到的回报，那就是生命有了寄托后的快乐。

读书是最高效的成功之路

生于1989年的徐孟南，在2008年参加高考时，故意在每张试卷的答题卡后面写上“我的名字叫徐孟南，我的考号是×××”。他是明确希望高考能得到零分，引起社会关注，以表达他对现行教育制度的不满。当然，他“如愿以偿”了，他引起了社会的广泛关注，也表达了对现行教育制度的不满。但他自己的命运，却没有因此而改变。

媒体一番热炒之后，徐孟南的生活归于平静，他像千千万万个高考落榜生一样，开始了在全国各地的打工生活，制作过广告灯箱，干过卫浴组装。最后，他在江苏亲戚那里帮忙，做管理工作。他没有改变现行的教育制度，只是改变了自己的人生轨迹。正如他的妻子所言："高考零分其实不可怕，可怕的是你故意考零分，你惩罚的其实是你自己。"

后悔于自己当年冲动的徐孟南，开始致力于关注零分考生，规劝大家好好学习。当谈到如果人生能够重来，他会如何选择时，徐孟南毫不犹豫地说："我肯定不会交零分卷。"

他在 2018 年重新参加高考，并被一所大专院校录取，到 2021 年时成功专升本，被安徽艺术学院录取。

再来看韩寒。他先是以《杯中窥人》一文获得首届全国新概念作文比赛一等奖，然后因期末考试七科不及格而留级。如韩寒自己所言，一觉醒来，女朋友从同学变成了学姐。他干脆选择休学一年。后来，他出版了一部反映上海初三学生生活的小说——《三重门》，一举成名。只是，他的学业一直停留在高中一年级，仍然七科不及格。"一觉醒来，你的同班同学已经在大一，而你还是高一。"最终，他在高一年级退学。当然，大家都知道，退学并没有阻挡住韩寒的成功之路，他出书，当导演，做赛车手，人生一路高歌。

不过有意思的是，2018 年年初韩寒写了一篇题为《我所理解的教育》的文章，认为"现行的教育制度包括高考制度，肯定无法照顾到方方面面，也有很多需要改进之处，但没有一个制度是可以照顾到所有人的，对于大部分人来说，它有着基本的公平”。

韩寒坦然承认，“如果我在今天退学，八成也是要荒废在打游戏和玩手机上”。他告诫青少年说，学习读书的确未必在学校，但学校和高考基本上是最公平和最有效率的，你要是普通家庭的孩子，更应该感谢与遵循。显然，年龄渐长、阅历渐深的韩寒，少了一些当年的年少轻狂，多了一些对人生的理性思考。在韩寒的文章后面，有网友神留言说：“‘七门功课挂红灯，照亮我的前程’，这句话就是他这位大神告诉我的警句。所以我的人生一直挂着红灯，20 年后你又这样说了，我很无奈啊！”

确实，当年韩寒的退学与成功，影响了很多对上学存在困惑的年轻人，他说过的一些如今看起来有些过激的“名言”，也曾被人奉为圭臬。比如交白卷的徐孟南，其实就受过韩寒的影响。徐孟南在接受采访时曾说过，自己最迷恋韩寒的文字，“我慢慢滋生了一种思想，教育有时是在浪费青春”，对学习越来越消极。

在高中期间，徐孟南写了一部名叫《三人行》的小说。只是，他的作品被出版社退了回来，《三人行》没有能够成为

《三重门》，徐孟南也没有成为第二个韩寒。他没有韩寒那样的才气，也没有韩寒那样的机遇，他注定成不了韩寒。

如今，时过境迁，物是人非。

客观地说，徐孟南虽然如愿再次参加高考，也没有取得太好的成绩。他参加高考，以及选择上什么样的大学，可能象征意义更大一些。同样的考场、同样的大学校园，对于闯荡社会多年，已经结婚生子的徐孟南来讲，可能永远不会再找到曾经那个年龄才有的感觉。也许，他只是在用行动否定他当年的所作所为。他今天所做的一切，也只是在为他 10 年前的冲动埋单。

现在我们一说到努力上学，就有人站出来举例说某人小学没毕业却成了富翁，某人没上过大学照样出人头地。

那些例子，我们都信。但我们需要明白的是，对于大多数普通人来讲，如果我们小学不毕业，如果我们没上过大学，我们很难取得成功，只会像徐孟南一样碌碌无为，打工都找不到高端一点的岗位。

无数事实证明，努力学习，考一所好的大学，仍然是我们最符合实际的选择。曾经交了白卷的徐孟南，曾经高中退学的韩寒，他们今天的劝告，才是真正的金玉良言。

我想告诉正在上学的年轻人，千万不要等多年以后受够了生活的苦，才明白今天最厌倦的学习生活，原来是人生最幸福的时光；千万不要等多年之后吃够了生活的亏，才明白通过读书来改变人生的命运，原来是最便捷、最公平的方法。

你在读书上花的任何时间，都会在某一个时刻给你回报

杭州的外卖小哥雷海为，十几年来边送外卖边背古诗词，最终厚积薄发，在第三季《中国诗词大会》总决赛上，战胜大名鼎鼎的北京大学文学硕士彭敏，逆袭夺冠。

主持人董卿曾这样称赞雷海为：

“你在读书上花的任何时间，都会在某一个时刻给你回报。”“我觉得你所有在日晒雨淋、在风吹雨打当中的奔波和辛苦，你所有偷偷地躲在那书店里背下的诗句，在这一刻都绽放出了格外夺目的光彩。”

“你在读书上花的任何时间，都会在某一个时刻给你回报。”说得真好！

记得上大学时，一位室友酷爱计算机。当年，计算机还属于新鲜事物，一个学校也没有几台。想上机操作，就要和老师搞好关系，帮老师打扫卫生，帮老师录入文字，干一切杂事，换来宝贵的上机机会。而当时学的内容，无非是打打字，学学 BASIC 编程一类的东西。

我们都笑他尽干没用的事，但他乐此不疲。后来，快毕业时，有一家不错的单位刚好新上了电脑，无人会操作，正好室友在场，演示一番之后，对方马上就决定留用。那时候，懂电脑的太少，能够会基本的操作已算高人。

从此，室友一步领先，步步领先，后来辞职创业，也有小成。比起我们这些当年笑话他的同学们，人生的层次高了不止一个级别。

曾经，上海市浦江电表厂一位小工的故事流传甚广。

故事发生在 20 世纪 70 年代。有一位小工没事就看英语书自学英语，而其他的小工没事就抽烟打牌踢球，还嘲笑这个小工读英语有什么用，一个电表工人用得到英语吗？

后来，厂里来了一些英文材料，全厂没一个人看得懂，就这个小工能看懂。厂里一下子轰动了，所有人都对这个小工另眼相看。又过了一段时间，政府有个部门缺个翻译，听说这里有个年轻人可以胜任，就把他借走了。从此，他再也没有回来。再后来，这位小工成了国家外交部部长，他的名字叫杨洁篪。

有句话叫“上天眷顾笨小孩”。

我刚上初一的时候，老师要求班里每位同学都要买一本《现代汉语词典》，每天坚持写日记，每学期都要读名著。有一些同学把老师的话当成耳旁风，有一些同学三天打鱼两天晒网，但有一位笨小孩，把老师的要求一直坚持了下去，一直到高中，到大学，到参加工作。而坚持的结果是，他作为理科生在高考时，语文拿下了全校的最高分，近些年在报纸上发表了几千篇文章。那个笨小孩，就是我。

上天不会辜负每一个默默努力的人，我们的每一次努力和付出，都会在将来得到回报。而且，除了世俗的收获，我们还会得到一个大家看不到的回报，那就是生命有了寄托后的快乐。

正如雷海为所言，读诗、背诗于我而言是一件非常快乐的事情。能得到快乐，这才是最主要的动力。要知道，在雷海为利用一切业余时间背诗的时候，并没有《中国诗词大会》这个节目。

有评论说得好，诗词于雷海为的最大意义，倒不是让他在舞台上技惊四座，一夜成名，而是在每一段风吹雨淋的奔波路上，在每一个孤独的异乡之夜，那一首首穿越千年时光而来的唐诗宋词，给了他直抵内心深处的温暖和慰藉。

这恐怕是对雷海为的坚持做出的最好诠释。从本质上讲，世俗的成功与出名，只是我们努力的副产品。我们默默努力的真正作用，是能够让我们的生命感到宁静与充实。

上学不苦，那是一生最幸福的时光

儿子上高中时，由于住校，两三个星期才放一次假。每次去看他，一件最重要的事情就是和他谈心，既要为他减压，又要为他鼓劲。

有一次，儿子和我说："你们不知道我每天有多苦多累！一天，我们要做几十张卷子啊！我有时候都腻歪得想吐了！"我笑笑，对他说："儿子，等你长大之后就会知道，上学其实不苦，不但不苦，那还是你一生当中最幸福的一段时光。"

如果你问一个饱经沧桑的成年人，最想回到人生的什么时候，他十有八九会回答，最希望回到学生时代。

有哪个年龄比学生时代更美好吗？在学生时代，不但拥有青春，拥有健康，拥有梦想，更拥有内心单纯、人际关系简单、无忧无虑的生活。纵然有一些所谓的烦恼，事后想想，也只不过是为赋新词强说愁。压力当然有，肯定也会感到累，但人生，什么时候没有压力，什么时候不累呢？学生时代觉得苦觉得累，是因为没有到真正苦、真正累的时候。

一位名校毕业生对学弟学妹们说：学校不是象牙塔，是天堂！这是多么深刻的感悟！

上学时，我们总是抱怨，总想逃离。但真的失去了校园生活才发现，原来那是最幸福的日子，而且，永远回不去了！长大后你会发现，你找不到一个有人教、有人辅导，只需要一天做几十张卷子就能保证你衣食无忧的工作。在职场，每天更是累得要死，腻歪得要死，而且，还会遇到太多的不公平，不管是对还是错，都不得不忍耐。于是，我们想回到校园，连做梦都想！

在校园里，只要你努力，只要你的成绩好，就能得到相应的回报。可以说，在这个并不公平的社会里，只有在学生阶段，才是最公平的。

当你经历了人生冷暖，看惯了钩心斗角，你真的希望自己永远不要长大；当你经历过努力之后仍然不能得到的那种无奈与无助，你就会知道，只靠自己的本事做题就能有一个好出路，那是多么公平！

人到中年上有老下有小，中间有事业，生活的重担压在肩膀却不得不挺直腰板，满脸沧桑还要挤出一丝丝故作轻松的微笑，受了多大的委屈，都不得不自己孤独地承受。他们的累，他们的苦，能向谁诉说！

有人说，这个世界上如果有天堂，应该是图书馆的样子。我说，这个世界上如果有天堂般的生活，就是学生时代。

看看书，做做题，泡泡图书馆，搞搞研究，享受着师长的关心与照顾，无忧无虑，这不是天堂是什么！

孩子，上学不苦，总有一天你会明白，上学，是一辈子只能享受一次的幸福！

你今天的风光，得益于过往的努力

我们两口子都五音不全，儿子因此经常取笑我们。确实，他的音乐素养比我们要强很多：学龄前就认识了五线谱，上学后一直是校合唱队的成员，偶尔在人前亮两嗓子，颇能博来别人的好评。现在上了大学，居然和同学们在学习之余玩起了电子音乐，说起来头头是道，一副志得意满的样子。

儿子是音乐天才吗？当然不是。他和我们的区别，只是在童年和少年时代，多了每天一两个小时的钢琴训练。他也许忘了，当年弹钢琴时，坐在琴凳上那一副不情愿的样子。他也许忘了，因为不愿意弹琴，挨了多少次批评。如果没有那一段经历，今天在台上有人歌唱时，他也只会像我们一样，傻傻地做一个听众。

网上有一个调查，叫“你感谢当年逼你上兴趣班的父母吗？”很多人都说出了自己的真实经历。

有一位女士说，自己小时候学琴，经常被父母打，因为其他孩子在玩，她也想去玩，影响了练琴。但是最后她靠钢琴特长考上了北京的一所重点大学，自我感觉非常幸运，因为靠文化课考上北京的重点大学，估计要比靠钢琴特长苦十倍。

毕业后，她留在了北京，拥有了北京户口。由于宝宝还小，不想让孩子受雾霾影响，就回父母所在的三线城市教钢琴，年收入有30万元。如果在北京，这个收入会更高。现在，她真心感谢父母在她小时候的付出和坚持。而她也坦承，靠自己真没几个能成的，周围同学一聊都是被打出来的。

有一位母亲则作为“反面案例”来现身说法：

闺女小时候琴棋书画培养了一遍，结果全部没有坚持下来。初一时，有同学拿学校的电子琴叮叮咚咚地弹了起来，闺女很羡慕。回家问我为啥不让她学琴，我说学了啊，你没坚持下来啊！闺女说那你为啥不打我啊，让我坚持下来。于是，我碰见同事、同学，以及其他孩子小的家长就告诉他们，必须去学点啥，不学就打，省得以后挨埋怨，啥才艺也没有！

在最贪玩的年龄学习那么多所谓的特长，当然会觉得很苦很枯燥。但想要让人生更丰富、更成功，又有谁过得不苦不枯燥呢！我们都知道周杰伦，他有一次在访谈节目中就说过，他小时候母亲逼他练琴，天天都拿着棍子站在他后面，每天五六个小时，一年四季都是如此。

发达国家的中学生，想更加顺利地进入名校，也会学习各种技能。英国的王室成员，更是从小就严格地学习各种礼仪，只有这样，才能在公众面前做到温文尔雅、大方得体，不失风范。就算中国过去的皇帝，我们看看那些流传下来的批阅奏折的手迹就会知道，他们曾经接受过多么严格的教育和训练。

所谓三代培养一个贵族，想让孩子更进一步，怎能不让他从小就开始努力！

我想对儿子说，孩子，你今天的风光，都只是过去曾经受过的苦。我想对天底下的孩子说，想让自己长大后过得更风光一些，就要让自己小时候多受一些苦。兴趣特长的训练也好，文化课的学习也罢，都是如此。

你们不要抱怨，你们应该感激，感激自己遇到了一个好时代，遇到了一个经济条件尚好的家庭，遇到了有知识、有文化的父母，能够逼着你上这样那样的兴趣班，对你们提这样和那样的要求。要知道，任其疯长的童年，不会有真正的快乐，只会让你的脑子里面留下太多无用的空白。

如果能够选择，在一个轻松快乐的童年和一个丰满充实的人生之间，我会毅然选择后者。

好学校让你的人生拥有更多的选择机会

美国范德堡大学法律和经济学教授 Joni Hersch 做了一个有趣的研究——常春藤学校毕业的妈妈们，都特别喜欢当全职妈妈。她从 2003 年开始，调查了超过 10 万个获得了大学学位的女性。结果发现，其中上过哈佛、普林斯顿等世界名校的妈妈，有将近 30% 当了全职妈妈，将近 38% 是兼职或者在就近社区工作，剩下的 32% 是在全职工作。而那些拿了 MBA 学位的妈妈，全职工作的也只有 35%。相比之下，那些普通大学毕业的妈妈们，有将近 66% 是在全职工作。简而言之，顶尖名校的妈妈们只有 1/3 是全职工作，而普通大学的妈妈们这一比例却是 2/3！

这实在是一个有趣的现象。能考上世界名校的学生，必然是学霸级的人物。能从世界名校毕业的学生，必然都是学富五车，在自己的专业领域有一定造诣。她们辛辛苦苦考入了名校拿了学位，学到了渊博的知识，结果其中的很多人却选择了做全职妈妈，这是为什么呢?

这样的结果，似乎是读书无用的又一个证明。要知现在，何必当初！既然早晚都是在家带孩子，辛辛苦苦去读名校干吗！但事实真的如此吗？当然不是。因为一个拥有高学历的职业女性主动选择做全职妈妈，其原因不外乎以下三点：

一是收入高。人家从世界名校毕业后进入职场，可能几年之内就有了可观的积蓄。这样，她们在生了孩子之后，有足够的经济基础让她们可以安心在家。

二是嫁得好。婚姻大体上是门当户对的，名校毕业的她们，更可能嫁一个学识和自己一样优秀甚至更优秀的男人。她的老公，一个人挣的钱足以让全家丰衣足食，不需要她再出去工作。

三是工作机会多。人家有了孩子就不再工作，是因为人家有本事在身，将来孩子长大了，自己再找工作也很容易，不用担心将来找不到工作。

对此，有网友也评论得一针见血：“常春藤学校女生全职妈妈比例大的原因是，她们的老公比非常春藤学校女生的老公更出色，她们基本没有赚钱的需求，仅仅其中的一些人有工作的要求。”

我的一位朋友，夫妻都是国内名校博士毕业，都到国外做过博士后研究。后来，他们选择回国，在北京安家立业。有了小孩之后，他夫人辞去工作，专心在家带孩子。

一次见面时，我诧异地问朋友，为什么让夫人放弃那么好的工作，在家里做一个家庭主妇。朋友笑了笑，回答说，等孩子大一些了，上幼儿园之后，她就出来工作。我忽然发现，是自己的见识太少了。从和朋友的谈话中我慢慢从侧面了解到，对于到了某一层次的高端人才来讲，他们找工作根本就不是什么难题，甚至国界也不是太大的障碍。他们不会像我们一样，今天辞了工作，明天找工作会千难万难。

我们总是说贫穷会限制我们的想象力，因为我们想象不到富人的日子是什么样子的。同样，学识低也会限制我们的想象力，我们不知道在那些高材生的眼里，工作岗位对他们具有何种意义。

同样是做全职妈妈，有的人可能是因为找不到工作而不得不当，有的人则在工作的选择方面机会更多，两者有着天壤之别。

我们知道，对于孩子的教育来讲，父母的作用至关重要。不管是把孩子交给隔辈人帮忙带，还是花钱请保姆照顾，都远不如亲生父母的陪伴。在育儿专家的眼里，父母对于孩子身心成长的意义比人们想象的重要得多。如果父母能更多地参与孩子的培养，孩子能体会到更持久的幸福，将来孩子也能有一个更美好的童年回忆。有儿童教育心理学家认为，父母自己带孩子在孩子个性心理发展上有着不可比拟的优势。尤其是母亲，在孩子幼儿时期的影响更大。

做母亲的能够有更多的时间照顾孩子，甚至可以自由选择做一个全职妈妈，是给幼小孩子的最好礼物，关系到孩子一辈子的幸福和成长。更何况，一个名校毕业的妈妈带孩子，从学识到责任心，都要远远超过花钱请来的保姆。

由此看来，世界名校毕业当全职妈妈，主要是因为她们有实力、有能力放下工作，在孩子需要的时候全身心地投入家庭，全身心地照顾孩子。而更多普通院校的毕业生，之所以全职工作的比例更高，很大一部分是因为对工作选择的机会少，有的人甚至连孩子都不敢生，生了也不敢自己带，生怕丢了工作。

我们从另一个角度解读 Joni Hersch 教授的研究数据，完全可以得出毕业于世界名校的那些全职妈妈，在工作方面有更多的选择机会。她们不用为了保住工作岗位不敢要孩子，有了孩子也为了挣孩子的奶粉钱而不敢辞职。

世界名校毕业当全职妈妈，不是书白读了，而正是因为上了名校，才让她们的人生有了更高的自由度，让孩子得到了更好的教育和陪伴。

高考不是人生的拐点，大学才是

有一位朋友，家境不错，孩子的成绩也很好。他对孩子的人生规划是考上北京的名校，毕业时留在北京，实现从小城镇向大都市的跨越。但事情难遂人愿，孩子的高考成绩没有达到他的期望，只考上了外省一所普通大学。

令人欣慰的是，孩子并没有因此自暴自弃，而是在大学变得更加努力，成绩始终排名本专业的第一位。本科毕业时，他放弃了本校保研的机会，考上了北京某名校的研究生。

上研究生之后，孩子遇到了新的问题，自己从知识的积累到科研的眼界，都比那些本科就是名校的同学差了一大截。孩子一度非常苦恼，但也没有别的办法，只有继续努力。研究生这几年，他虚心向老师、同学请教，经常第一个去实验室，最后一个离开。

功夫不负有心人，他的学习成绩逐渐提高。最终，在硕士毕业时，他顺利进入了国内最顶尖的科研机构，也拿下了期盼中的北京户口。

另一位同事的孩子，从小就是一个问题少年，上学时吊儿郎当，打架逃课是家常便饭，家长几乎成了学校的常客。这样的孩子，当然也考不上什么好学校。很长一段时间，同事见谁都觉得抬不起头来，最怕别人询问孩子在哪儿上学。人到中年，大家的话题往往会围绕着孩子，每逢此时，他恨不得找个地缝钻进去。因为孩子所在的学校名字，实在说不出口。但就是这样的孩子，在大学期间却有点知耻而后勇的感觉，学习蛮努力，成绩也很好，毕业后凭自己的本事在北京某网络公司找到了一份工作，月薪三五万元。现在，经过几年的打拼，他在公司里站稳了脚跟，已经是业务主管了，手底下不乏名校的毕业生，收入当然也在不断提升。

现在，孩子已经成了那位同事的骄傲，他最喜欢在别人面前提起自己的孩子。虽然这样的年轻人在北京比比皆是，但对于一个曾经的问题孩子来说，确实值得骄傲。

前几天和一位清华的老师在一起闲谈，他提到，越是名校对学生的要求越严格。比如在清华，每年几乎有 10% 的学生因为挂科而不能毕业。

民间一直有一个错误的说法，就是上了大学就轻松了。这句话实在害人不浅。在国家分配工作的时代，也许确实可以“60 分万岁”，混个毕业证就有个铁饭碗。但现在不管你考上了什么大学，毕业后都是自谋职业，用人单位看的可是真本事，你大学里过得轻松，将来很可能找不到工作。有句话说得好，高考过后，大家将登上同一趟列车，只不过是手里的票可能不同：重点大学是一等座，普通院校是二等座。

如果说高考是人生的一个重要拐点，它决定了你读一所什么样的大学，那么，如何上大学就是另一个拐点，它决定了你人生的走向。从某种意义上讲，高考不是人生最重要的拐点，大学才是。在大学里不努力学习，就算上的是一所好大学也可能一事无成；只要努力，就算大学差一些也可能完成逆袭。所以，不管考上一所什么样的大学，都需要继续努力，不应该过得轻松。每一个准大学生都应该明白，大学只是人生的一个起点和平台，平台好一些的，需要珍惜并保持住优势，平台差一些的，更要努力争取赶上。

对于大一新生来讲，接下来需要做的事情，是忘掉高考，只想大学。既不要躺在过去的荣誉里沾沾自喜，也不要沉浸在考坏的情绪里不能自拔。考坏了，到大学里去继续努力，你的人生自会朝好的方向转变。反之，就算手握一副好牌，也会打烂。

有句话说得好，千万不要拼过了高考，最后却死在了大学。如果抱着舒舒服服的想法去读大学，只会让所有曾经的努力都前功尽弃。对于很多人来讲，上大学只是另一场奋斗的开始。你终有一天会发现，原来大学这几年，比前面的十几年都重要。

清华的学霸是这样炼成的

网上流传有一位学生的一周时间安排表，安排得极其紧凑。有人说，看到这张密密麻麻的安排表，“感觉自己连呼吸都是在浪费时间”。如果让你猜，你可能以为表格的主人是某所重点中学的学生。但实际上，表格的主人是清华大学的学生！

那位叫马冬晗的女孩是清华大学精仪系81班本科生，于2011年获得清华大学本科生特等奖学金。三年学分排名班级第一，连续两年素质测评第一，曾是精仪系学生会近些年来第一位女主席。

或许通过那张表格，我们能够了解，大学里的学霸都是怎样炼成的。

一是时间规划科学。

和马冬晗一样，每一位学霸都会规划好自己的时间。在每一所大学，我们都会看到，早课时，学霸们往往是前几个到达教室，在上课之前预习要讲的内容；中午时，学霸们可以从紧张的时间中挤出午睡的时间来；晚上，学霸们可以较早完成学习任务，不仅留出休闲娱乐的时间，更能早些休息。

严谨的时间规划，可以成倍地提高效率，在一定意义上增加每天的长度。我们常常在心理上感觉假期比上学过得更快，而没有严格的时间规划，在学校的一天便与在家赋闲的一天无异。在知乎上，戴雨森也曾回答说，自己本科时有一位室友，毕业时是清华一二九奖学金获得者（清华最高荣誉是特等奖学金，然后是一二九奖学金），他的时间安排，虽然没有列出一张成形的时间表，但是实际执行上和马冬晗不相上下。那位兄弟连续 2 年年级第一名，微积分 3 门 298 分，被全年级尊称为“宇宙”，现在在美国西北大学凯洛格商学院念博士。

清早自习室开门之前开始排队占座，晚上自习室关门时才回家，周六周日无不如此，这只是学霸最基本的定义。

二是执行力极强。

有了规划表，如果没有执行，那也是废纸一张。大学生最普遍的毛病，大概就是拖延症。很多大学生不到收作业的时候绝不写作业，不到最后不交论文，已经成了见怪不怪的现状。“说到做到”，这不仅是做人的一种美德，在大学中更是一种优良的习惯。我曾听学长讲过这样一则轶事：一位计算机系的学霸，给自己制定了严格的写代码规划。有一次任务还没有完成，接到了女朋友的约会邀请，而他的选择是，坚决拒绝了女朋友约会。这件事一时被传为笑谈。

决定做什么，就要高效完成，只有具备了这样强大的执行力，才能让完美的规划落到实处，才能收到实实在在的效果。什么事都要往前赶，而不是往后拖，当学习越来越紧张，社会活动越来越多时，才能更为从容不迫。

三是专注于学习。

我的两位同学，暂且称他们为 A 君和 B 君。A 君人缘很好，多才多艺，参加多个学生社团，对同学也是有忙必帮，和他联系基本是马上回复，而且十分热情。B 君则是专心学习的典型，和他联系时，多半是半天也没有回应。因为他往往把手机调成静音，在自习室学习，直到回到宿舍才统一回复，热情程度当然和 A 君相比要差一大截。但几个学期过去之后，A 君的课程门门都挣扎在及格线上，甚至偶尔挂科，大家对他的评价，不过是“人挺好的”四个字而已！ B 君则成绩名列前茅，年年拿一等奖学金，身边的同学们大都十分崇拜和佩服。

仔细想来，A 君的天分和 B 君相比其实毫不逊色，但他把生活的重心放在了社交方面，造成了对其评价上的差距。对于理工科的学生来讲，学习成绩和科研能力，永远是评价的硬指标。没有这一前提，人际关系再好，社会活动再出色，也意义不大。

记得刚上大学时，辅导员老师就和我们说过：“所谓大学生，便是大部分时间用来学习的学生。”

不管是在中学还是在大学，只要是学生，主要任务都只是学习，都应该争取当学霸。因为，成绩永远是评判学生是否成功的第一标准。

你今天歧视学习，明天就会被别人歧视

我看到过一篇关于学历歧视的文章：

一位普通院校的毕业生，在毕业前夕去参加某重点高校的校招，面试的是一家500强企业。他收到的回复很简单：“你们怎么跑这里来面试了？不好意思，我们公司不收普通大学的学生。”语言简洁，态度坚决，对方挥手的动作和嫌弃的表情，仿佛多看一眼简历都是浪费时间。

作者觉得这很不公平。他认为，来自普通高校的学生，缺的不是智商和努力，真正缺的是机会。他们没有高质量的讲座，没有过硬的教学设备，缺名师，缺资金，缺方向……他们

有的，就是想向上的心和笨拙的努力。

话说得很励志，但说实话，这样的观点很难让人认同。如果大家上大学靠的是抓阄，上什么样的大学靠的是手气，这样的抱怨还有点道理。但别人上了重点大学，从而拥有了更多的机会和更大的眼界，是通过高中阶段努力学习换来的。你没有考上，说明至少在高中阶段，你不如别人努力。而人家通过努力取得了进入名校学习的机会，并顺利完成学业，难道不应该受到应有的尊重和重视吗？

就说我自己的例子吧。

很惭愧，上高中的时候，我不是一名优秀的学生，玩牌、逃课、看录像，违纪简直是家常便饭，最后靠着一点点小聪明加上不错的运气，考上了省内一所普通高校。而高中班里那位既聪明又勤奋又踏实的同学，则顺利考入北大。如今，我做了中学教师，他成了北大教授。

但我不会感到不平，为什么我没有成为北大教授。记得儿子上高中前，我们一家去北大找同学玩，当时他的孩子正在北大附中读书。但我同样不会埋怨，为什么他的孩子拥有北京户口，享受那么好的教育资源，而我的孩子要去准军事化管理的学校接受3年残酷的训练。我知道，原因在我，是我自己在上高中时就落后了，才有了接下来所有的差别。我需要做的，是拿同学做励志的偶像，拿自己做负面的典型，让孩子在高中阶段努力学习。

人生好比一场长跑比赛，不管我们是在刚开始的几圈没有认识到比赛的重要性，还是弯腰系鞋带耽误了时间，都要承认自己落后这个现实。此时，不必抱怨记者的镜头全都对着前面的运动员，我们要做的，是奋力奔跑，争取赶超。

如果能够完成超越，实现人生的逆袭，自然就会站在舞台的中央，接受荣誉与掌声，享受成功者的喜悦。如果总是落在人后，那么只有接受得不到足够重视的现实。正如著名考研辅导老师张雪峰说的那样，你与其抱怨不公平，不如通过考研去改变命运，让自己也进入名校。诚然，即使考上名校的研究生，仍然会遭遇本科学历的歧视，但至少比不上研究生好很多。

有句话说得好，当你觉得不公平的时候，其实公平得很。当你觉得公平的时候，已经对别人不公平了。别人高考时分数比你更高，别人的高校比你的资源更多，别人大学 4 年的眼界比你更宽，等大学毕业了，你凭什么要求和人家站在同一起跑线上？你当然可以说招聘单位不能只看学校和学历，而要看能力和真本事。可一个不争的事实是，名校的学生，努力程度普遍大于非名校的学生，其专业的水平也比后者更高。求职节目中的点评专家，已经明确告诉我们，有数据分析表明：重点大学的毕业生比普通院校的学生能力强很多。

从个体讲肯定会有例外，但不管是潜规则还是明规则，都不会因为个体的例外而做出改变。就算换成我们去招聘，也会采取同样的办法进行淘汰，因为这是效率最高的选择。

谁的能力都不可能写在脸上，对于初入职场的大学生来讲，最好的证明还是一纸学历。他高中 3 年努力了，于是上了更好的学校，得到了更多的资源，就业时得到了更多的优待。而你高中 3 年的努力不够，落到了别人后面，可能就要为此付出代价。

佛家有云：欲知过去因，现在受者是；欲知未来果，现在作者是。

我们今天面对的路，都是我们昨天走出来的，我们明天将要去哪儿，全都取决于我们今天的脚步。

03

第三辑

做一个
每天奋力前行的卒子

努力，任何时候都不晚。从现在开始，做一个每天奋力前行的卒子，若干年后，你一定会感激今天的自己。

不好好上学也可能成功，但那个人不是你

不好好上学能不能成功？当然能。

比如我的高中同学二嘎子。记得上学的时候，他旷课的时间比上课的时间还多，每逢考试，班里有多少人，他就能考多少名。他当然考不上什么好大学，好在他赶上了好时候，不管分高分低，总是有学可上，也混了一个大学文凭。再后来，他考上了公务员，电视上的简历说，他也有了研究生学历，虽然是在职的。

我曾经作为台下几百名群众中的一个，听过他在台上讲话，因为他现在是本地我所在行业的主管领导。台上的他，有

派头、有水平，那么长的稿子从头念到尾，竟然没有一处念错，全然不是上学时的样子，我很佩服他。

另一位是我们村的三胖子。三胖子从小就胖，现在更胖。当年我特看不起他，因为他天天抄我的作业。我不给他抄，他会把好吃的分给我一点，我嘴一馋，也就答应了。他抄作业的时候，竟然连名字都有可能一块儿抄过去，弄得我也跟着挨了老师好多次批。现在他早就不在村里住了，一家人都搬到了城里，只是过年的时候才会开着车看望一下村里的本家亲戚，每家送点东西、给点钱。据说，他那辆车就值好几百万元，那块车牌比我的车还贵。看他西装革履的样子，怎么看都是一副成功人士的模样。三胖子的爹当年从杀猪起家，办起了冷冻厂，后来又开办了肉联厂，如今不但是村里的首富，在全县甚至全省，都能排上号。

有点传奇色彩的是我们镇上的四愣子。记得在 20 世纪 80 年代，四愣子家里还穷得叮当响，他初中没毕业，和一群年龄相当的小青年在街上游来逛去，无所事事。终于机会来了，一次哥几个在小吃部喝了点酒，正兴奋的当儿，不小心和人起了口角。四愣子从小就愣，喝了酒更愣，也没经小吃部老板的同意，就拿起了人家切菜的刀，砍了对方好几个。然后，当然是坐牢了。有意思的是，出狱之后的四愣子，在那条街上忽然变得德高望重起来，谁有点什么纠纷，都有他帮助协调的身影。后来，四愣子盘下了那家他喝酒出事的小吃部，改成了大饭店，生意还挺红火，也攒下了人生的第一桶金。如今，他已经是镇上著名的企业家，经常上电视，修桥补路做慈善样样有他，俨然本地的社会名流。

最出人意料的是五麻子。五麻子其貌不扬，小学文化，属于家穷人丑那一类，30 多岁了还没有寻个媳妇。有一天喝完酒赌钱，又输了个精光。当然，说输得精光不准确，因为他口袋里还剩下 10 元。10 元能干啥，他本想去小卖部买盒烟，但看到旁边的彩票投注站，转念一想，狠狠心将最后的资金挪作他用。就是这一转念，改变了他的人生。五麻子中了头奖！据说，五麻子中奖之后，他家那破房子的门槛换了好几个，都是被提亲的人给踢坏的。

五麻子不会做买卖，不知道哪位高人指点，他在县城买了好几套商品房，还有一处门市。正赶上前几年房价疯涨，他的房产价值又增了几倍。五麻子光一年的房租收入，就顶我们上 10 年班了。后来五麻子娶了个媳妇，生了一儿一女，日子过得滋润得很。

读书有没有用？很多人都怀疑。因为不好好学习还混得很好的例子，我们每个人都能举出好多。

虽然不好好学习也能成功，但那个人不一定是我们。或者说，肯定不是我们。因为，我们没有一个为我们铺路子打江山的爹，没有在刀光剑影中混的胆儿，也没有天上掉馅饼正好砸脑袋上的狗屎运。

白岩松问得好：不读书，你拿什么和别人拼？财富还是智慧？经验还是人脉？这些你都有吗？如果有，你真的可能不用去想读书是不是有用的问题。如果没有，那么，别老用江湖上的那些传说麻醉自己，乖乖地，看书去！

做一个每天奋力前行的卒子

在手机上，经常看到年轻的妈妈们每天在朋友圈发自己家小朋友读书的照片。所附的文字大多是“小朋友参加 ×× 小学的‘亲子共读，幸福成长’活动”等内容。

孩子端坐在书桌旁，挺直腰板静静地在那儿看书。看得出来，这是学校的统一安排。说实话，真心为这样的活动点赞。也许，在所有参加活动的孩子中间，只有一小部分能够把这样的要求坚持下去，最终变成一辈子的习惯。对于那些坚持下来的孩子来讲，这样的习惯足以让他们终生受益。

多年前，一位文友的 QQ 签名给我留下了深刻的印象：日

拱一卒，功不唐捐。

我没有查到这句话的出处，但1932年6月27日，时任北大文学院院长的胡适在毕业典礼上的讲话里有这样一段：“佛典里有一句话：‘福不唐捐。’唐捐就是白白地丢了。我们也应该说：‘功不唐捐！’没有一点努力是会白白地丢了的。在我们看不见想不到的时候，在我们看不见想不到的方向，你种下的种子早已生根发叶，开花结果了！”

每天坚持，努力就不会白费，我的一位朋友做到了。体制内的他，在繁杂的政务之余，每天都要坚持写一篇文章。数年下来，他已经小有所成，不管是名气、收入还是成就感，都已经远非一个基层的公务员能比。

记得刚毕业时，单位里有一位30来岁的老师。他虽然已经娶妻生子，但仍然每天都利用业余时间看书，准备律师资格考试。虽然几经失败，却初心不改。那时候学校里的年轻老师比较多，大家生活也都相对闲适，喜欢没事的时候在一起喝喝酒，打打麻将。很多人都“劝告”他，年龄也不小了，工作也还稳定，还考律师干啥，还不如和大家一块儿每天快快乐乐地玩呢！可他不为所动，别人打牌他不参加，别人喝酒他也不参加，日复一日，年复一年。

功夫不负有心人，这位老师最终成了一名律师，如今在本地已经小有名气，不管是收入还是社会地位，都已经提升了一个档次。而当年笑话甚至讽刺他的那些人，还和多年前一样，生活没有什么改变，在感慨与埋怨中重复无聊的生活。

有人说，坚持做同一件事，坚持10年就能够成功，坚持20年就能够创造出奇迹。

有一个少年，家里很穷，很小就跟父亲下地种田。一天，在田间休息的时候，他望着远处出神。父亲问他在想什么，他说他将来长大了，不要种田，也不要上班，每天待在家里，等人家从邮局给他汇钱。父亲听了，笑着说："荒唐，你别做梦了！我保证不会有人给你寄钱的。"有一天，他从课本上知道了埃及金字塔的故事，就对父亲说："长大了我要去看埃及金字塔。"父亲生气地拍了一下他的头说："你越来越荒唐了，你别总做梦了！我保证你去不了。"他下定决心，要成为一名作家，小学的时候每天写500字，中学写1000字，高中写2000字，大学写3000字，并一直坚持下来。十几年后，少年成了非常有名的作家，平均两三个月出一本书，他每天坐在家里写作，出版社、报刊社不断地往他家汇钱，他用汇来的钱去埃及旅行。这个少年，就是台湾著名作家林清玄。

日拱一卒虽慢，但只要长期坚持，就会有惊人的积累。

比如学习英语。我们知道，英语学得好坏，和词汇量呈正相关。但很多学生都非常头痛背英语单词。按照大纲要求，小学毕业时，大约需要掌握 800 个单词，初中毕业时，大约需要掌握 2000 个单词，高中毕业时，大概需要掌握 3500 个单词，大学里考四级大约需要 4000 个单词，六级大约需要掌握 5500 到 6000 个单词。其实我们可以计算一下，从小学三年级开始学英语，就算一天只背会一个新单词，上述那些单词量也完全能够达到。只不过，很少有学生能真的这么做。而这么做的，都成了学生中的佼佼者。

“日拱一卒，功不唐捐”，这应该成为我们每个人的格言。记住这 8 个字，让孩子从小养成坚持做事的习惯，他会一生受益；记住这 8 个字，我们从今天开始坚持做一件有益的事情，我们的人生将会发生改变。

努力，任何时候都不晚，不仅是孩子，也包

括我们大人。从现在开始，做一个每天奋力前行的卒子，若干年后，你一定会感激今天的自己。

你今天的努力决定明天和谁喝咖啡

如果有一个“什么时候最公平”的评选，我会毫不犹豫地选择学生时代。因为，上学是最公平的竞争，只要你具有一定的资质，只要你努力，就能得到你想要的东西。比如，只要你能考第一，你的名字就会出现在学校通告栏的光荣榜上，谁也抢不走。如果你中考分数高，就可以上重点高中；如果你高考分数高，就可以上重点大学。就是这么简单。而毕业后你就会发现，在职场，可能你很努力，可能你业绩最好，但光荣榜上却可能是别人。当然，有人说，我天天做题、天天写作业，才考上了重点高中。而我的同桌天天玩，中考比我低了100多分，仅仅因为他爸爸是县领导，就也上了重点高中。这怎么能说是公平呢？

我说，孩子，你仅仅靠自己的努力，就相当于有了一个当县领导的老爸，这难道不是某种意义上的公平吗？学生时代，别人通过关系和背景能够实现的事情，你只需要通过自己的聪明才智，通过自己的努力就可以得到，这本身就是一种公平。更重要的是，在学校，你靠真本事得来的成绩，能够给你换来尊重，能够让你站上更高的平台。

曾经，一篇《我奋斗了 18 年才和你坐在一起喝咖啡》引起了太多人的共鸣。

一个农家子弟经过 18 年的奋斗，才取得和大都市里的同龄人平起平坐的权利，这是一代人的真实写照。这 18 年的奋斗，就是学习。也有人抬杠说，谁告诉你上了斯坦福、牛津就能和李泽楷们一起喝咖啡了？确实如此。我们考上最顶尖的学校，甚至去了最牛的国外名校，也不一定有资格和他们喝咖啡。但至少，和我们喝咖啡的人的档次，提高了很多。而那些讽刺我们的人，那些没有我们努力的人，已经没有资格和我们喝咖啡了。

这个世界是不公平的。就像一只青蛙，生在了广阔的田野，可能看到的是辽远的天空，可以毫不费力地吃到各种各样的虫子。而生在井里的，则只能看到巴掌那么一点天空，天天为填饱肚子发愁。

如果我们不幸生在了井里，那么只有两个选择，一个是在别人抱怨的时候努力往上爬，另一个是甘心认命，一辈子在这个一尺见方的地方度过。我希望每个人都选择前者。可能，我们就算费尽千辛万苦爬到了井外，也永远变不成飞在天上的天鹅，但至少，我们挣脱了我们原来的命运，有了比不努力者更好的生活。这跟安于在井里自怨自艾的青蛙相比，已经不是一种境界了。

所以，如果你是一个普通人家的孩子，千万不要抱怨读书辛苦，你应该感谢学校、感谢学习。正是学校这个平台，正是考试、分数这种竞争机制，给了你改变命运的机会。你的父亲不是李嘉诚，你就不要梦想着做李泽楷，而应该靠自己的汗水去努力，自己争取做李嘉诚。

我们需要在学校这个平台，在上学这个时间，迅速把你的那些对手拉开，用十几年的辛苦，换来人生更高的起点。

即使我们努力了也没有赶上人家，但至少，我们和别人的距离只会更近，而不会被落得更远。

你所谓的竭尽全力，不过是别人的常态

我曾看到一篇题为《美国名校的严酷真相：我“活着”走出了芝加哥大学的方庭》的文章。作者是北京大学法学学士、芝加哥大学社会学博士、普林斯顿高等研究院成员，现任多伦多大学社会学系助理教授、美国律师基金会研究员的刘思达。

文中介绍，芝加哥大学是美国各高校中学术训练最为严酷的学校之一，民间版的校训是“让快乐去死的地方”。在那里，无论是本科生还是研究生，上课时都要承受超大负荷的阅读量。作者说，在芝大的第一年，每周的阅读量基本上保持在一千页书左右。这对于母语并非英语的作者而言，难度可想而知。于是，读北大时每晚 11 点熄灯后从没看过书的作者，在

芝大的最初几个月每天都是晚睡早起，能睡上四五个小时就感觉很幸福。在文章的最后，作者说，回想自己在芝大第一年的生活，的确辛苦远远多于快乐，而且明白了一个道理：身在异国他乡，没有人会主动尊重你，你必须通过自己的努力来一点一点赢得别人的尊重。其实，岂止是异国他乡，在任何地方，你得到的尊重都和自己付出的努力相配。

在网上，流传有万达老总王健林某一天的工作行程安排：

凌晨4点起床，之后健身，5点吃早餐，7点从雅加达飞海口，下午1点出席海南万达项目签约仪式，下午3点从海南飞北京，晚上6点半到达北京的办公室。而类似的安排，基本上就是王健林的日常。在商业大佬中，堪称“劳模”的不止王健林。小米的雷军曾披露自己的工作强度，“一天要开11个会，一顿午饭只吃3分钟”。据小米人士透露，雷军常常工作到晚上12点，晚饭基本都是在晚上11点多吃。腾讯创始人马化腾也曾自曝，自己每天加班到凌晨三四点才会睡觉，第二天早早起床上班。董明珠则称，自己28年来没有休过一次假。而马云说，自己比总统还忙。他一年有一半时间是在飞机上度过的。有细心的人曾发现，马云在一次参加活动的时候，坐在凳子上就睡着了。

这些商界巨擘们虽然已经功成名就，但努力程度依然是我们普通人难以想象的。夜以继日地工作，已然是他们的常态。

有记者采访著名 NBA 球员科比：“你为什么能如此成功呢？”

科比反问道：“你知道洛杉矶凌晨 4 点钟是什么样子吗？”记者摇摇头：“不知道，那你说说洛杉矶每天凌晨 4 点钟究竟什么样儿？”科比笑了：“究竟什么样，我也不太清楚。但这没有关系，你说是吗？每天洛杉矶凌晨 4 点仍然在黑暗中，我就起床行走在黑暗的洛杉矶街道上。一天过去了，洛杉矶的黑暗没有丝毫改变；2 天过去了，黑暗依然没有半点改变；10 多年过去了，洛杉矶街道凌晨 4 点的黑暗仍然没有改变，但我却已变成了肌肉强健，有体能、有力量，有着很高投篮命中率的运动员。”

记得儿子上高中时，班主任老师开家长会，都要给学生和家长灌好多“鸡汤”，其中最有名的一个是，1.01 的 365 次方等于 37.78，而 0.99 的 365 次方等于 0.03，每天进步一点点和每天偷懒一点点，结果大不相同。这样算也许有取巧的成分。但前几年，一位普通中学的毕业生到重点中学复读，他做的一道“计算题”，则真正说明了坚持和积累的重要性。他经过详细的计算，发现重点中学跟普通中学相比，学习时间每天多130分钟，每星期多1240分钟，一个月多5230分钟，前者3年的学习时间相当于后者4年！

有一句著名的话，叫“努力到无能为力，认真到感动自己”，他们高考成绩的取得，恐怕就在于学生们每天多学一点点，并能够坚持数年如一日。经常有年轻人给我留言说，最近我简直太忙了，但实际上，跟那些真正的大忙人相比，还轻松得很。

我们偶尔自豪的竭尽全力，不过是人家的日常。也许，这就是我们和成功者的差别。

通往成功的道路，只能用汗水铺就。不管是中国还是美国，不管是哪个行业，都没有人能随随便便成功，想取得常人之外的成绩，都需要付出超乎常人的努力。

想过一流的人生，要先有一流的实力

《中国青年报》曾刊登了一篇大学生的文章，题目叫《我出身“二本”，你们真的不想看看简历吗？》。

作者在文章中说，自己是一所普通师范院校经济学专业的学生。他的同学们的归宿，大多是去县城乡镇当老师或考公务员。他不甘于这样的生活，考研结束后，带着几年实习工作的经历和取得的一些成绩开始做两手准备，一边等考研成绩，一边找工作实习。但他前后投出去四五十封邮件，从传统媒体单位到自媒体，再到互联网公司，甚至是书店，大多都没有收到回复。他将自己的求职遭遇，归结于招聘环节的鄙视链。他将希望寄托于考上研究生，认为等研究生毕业，就不会再受这样的窝囊气。

客观地说，这位大学生求职失败，和学历鄙视链肯定有一定的关系。由于他不是重点大学的学生，一些用人单位，真的可能连简历都不看就淘汰掉。但从他求职的具体岗位上来看，学历歧视不是全部原因。虽然，他在本科期间可能属于同学中的佼佼者，也参加了一些实习或社会活动，但离很多用人单位的要求还有一定的差距。或者说，他在简历中没有能够展示出足够的能力，来吸引用人单位的注意。否则，不至于连一些自媒体的回复都没有。比如某位助理的月薪就高达 5 万元的知名自媒体人，随便招个实习生就月薪 1 万元起步。看他们的招聘启事，对员工只有能力要求，最重要的部分是写一份“作业”。至于学历，并没有硬性规定。她的那位助理，现在已经是内容总监了，她的本科也只是就读于深圳的一所普通高校。说白了，想进那家公司，只需要靠文章说话。只要文章的水平到了，调性符合该自媒体的定位，哪儿毕业的都无所谓。

我认识一位作者，大学是普通院校，而且他还没有读完，是肄业。但他写得一手好文章，在业内颇有名气，在国内一些知名网络和传统媒体间跳来跳去，也没看他有多难。当然，他经常是干一段就不干了，因为他靠稿费完全能够让自己活得很好，不愿意受上班的约束。

我还看过一期《非你莫属》节目。北航 19 岁的大四学生王晨阳，想找一个实习的岗位，却被老板们疯抢，纷纷开出了高薪，甚至承诺给股份。打动在座各位老板的，当然不是北航的名头。因为在《非你莫属》的舞台上，清北的毕业生表现不好也经常被吊打。她最让用人单位动心的是她 15 岁上大学，3 年时间写了 8 部约 240 万字的网络小说，并成为签约作者的经历，以及在专业上表现出来的较高水准。在同一期节目中，昆明理工大学的研究生焦永芮也得到了 BOSS 团的认可，大家纷纷向他伸出橄榄枝。焦永芮也非毕业于名校，但他在大学期间的创业经历，吸引了那些招聘者的目光。他曾经在 27 天疯狂做了 20 多个兼职工作，赚取了 1.2 万元薪金，成立工作室短短几个月也有几十万元的收益。

像王晨阳和焦永芮这样的人，用人单位怎么可能不要！同样是应聘，他们已经不是企业挑自己，而是自己在挑企业。

这个世界上当然有学历歧视，但同时，这个

世界上也有能力重视。

别抱怨这个世界上伯乐少，我们需要做的，是先把自己练成千里马。如果大家在大学 4 年里得到的都只是一张毕业证书，那么，用人单位选择名校也没有什么不对，毕竟不同证书代表的含金量不同。但如果我们具备过人的能力，总会有人慧眼识珠，即使自己创业，也能够闯出一片天地。

不是“二本”的简历没有人看，而是我们在简历之外可能实力还不够；不是“二本”的学生只能找二流的工作，而是我们没有具备一流的实力。

努力让自己变得强大，才是让自己求职时更有底气的不二法门，才是自己将来在社会上的立身之本。

最大的失败不是没有成功，而是中途放弃

儿子上大学之后终于知道了预习的重要性，放寒假前，专门从图书馆借了一本《有机化学》。因为他的学长告诉他这是下学期最难过的一门功课了。儿子三天打鱼，两天晒网地看了些日子，终于有一天悲壮地大喊：“我要崩溃啦！看不懂啊！我不看了！”我拿过书来一看，是大部头，共 1116 页之多！难怪儿子有畏难情绪。我翻了翻书的前言，笑了。因为我看到了作者在前言里的一句话：“在我参加第二次有机化学考试得了一个 D 的时候，我就明白了这条艰辛之路……”原来，就算是教材的作者，当年学习的时候也困难重重。要知道，那本书的作者可是美国惠特曼学院的著名教授韦德

（L.G.Wade，JR）。

感谢韦德教授的坦诚。我对儿子说，如果韦德教授当年因为考试得了D，于是就不学了，恐怕以后就成不了教授，你也不会看到这本书了。

想起了戈瑟姆·乔普拉（科比纪录片的导演）有一次和科比观看德隆·威廉姆斯的比赛。

德隆是篮网队的重要球员。但那一场德隆状态低迷，全场9投0中，一分未得，篮网最终82:94输掉了那场球。乔普拉问身边的科比："你相信吗？德隆·威廉姆斯竟然9投0中？"科比的回应是："我宁愿30投0中，也不愿9投0中。9投0中意味着你被自己击败了，你信心全失，无法再继续比赛了。唯一的解释就是，你对自己失去了信心。"因为科比坚信，下一个就能投进，成功就在失败的后面。科比明白，真正的失败始于你惧怕失败的那一刻：如果你怕输，你就已经输了！

很多人都应该记得2014年索契冬奥会女子500米短道速滑决赛中国队夺冠的一幕。

当时，中国派出了范可新、刘秋宏、李坚柔三名队员参赛。范可新是 2011 年和 2012 年世锦赛冠军，刘秋宏是亚冬会金牌获得者，而李坚柔的主项是长距离项目，夺冠的重任在范可新和刘秋宏的肩上。但遗憾的是，在半决赛中，范可新意外摔倒，刘秋宏受影响小组第三出局，只有李坚柔跻身 A 组决赛。决赛枪响之后，李坚柔排在了四名选手的最后一位。当时，人们基本上已经知道，夺冠无望。但过了两个弯道后，戏剧性的一幕发生了，争抢位置的意大利名将和英国名将突然摔倒，而这个意外也影响到了在前面的韩国名将朴升智，她踉跄几下后也跟着摔倒！此时，原在最后面的李坚柔变成了第一！之后，比赛变成了她一个人的表演，最终顺利夺冠。

不可否认，李坚柔的夺冠有相当大的运气成分。但如果她中间放弃呢？恐怕来了机会也抓不住。

无论是体育比赛也罢，学生学习也罢，生活中的其他事情也罢，不坚持到最后一刻，谁也不知道会发生什么，我们一定要坚持到底。人生最大的失败，不是你最后没有取得成功，而是在中途就已经放弃。

像科比一样坚信下一个球就会投进，像李坚柔一样即使落在最后也咬牙坚持，就算没有取得成功，也无悔。“三军可夺帅也，匹夫不可夺志也”，老祖宗这句话，值得我们共勉。

跟优秀的人在一起，你会离成功更近

很多物理学课本上都有这样一张著名的图片——第五届索尔维会议合影。

在 1927 年的这届被称为“物理界最豪华的聚会”中，几乎聚集了当时所有的物理学巨匠。爱因斯坦、居里夫人、玻尔、洛仑兹、普朗克，一个个名字熠熠生辉。不过，照片中除了这些大牛，还有一些当时默默无闻的年轻人站在后排，他们只是作为大牛的助手、学生或朋友而参会。但若干年后，那些年轻人也都功成名就，成绩斐然。比如，当时 26 岁的海森堡只是玻尔的一位助教，在 1932 以对量子力学的贡献获得了诺贝尔物理学奖。同样是玻尔学生的泡利其时 27 岁，也在十几年后以不相容原理获得诺奖。

在足球场上，曾有这样一段佳话：

1988 年，21 岁的佐拉刚刚进入那不勒斯一队。当时，著名的球王马拉多纳正在该队效力。于是，我们经常在那不勒斯的训练场上看到这样的一幕：

马拉多纳一次次地重复着绝妙的直接任意球射门，球门边的一个矮个年轻人瞪大双眼注视着马拉多纳的每一个动作，并且一次次地帮助球王从网窝里拾球，直到日薄西山，两个矮脚虎才缓缓离去。从那时起，年轻人的脚法得到了球王的任意球真传，后来成为有名的“任意球专家”。他在巅峰期的 1993—1994 赛季，每 3 次主罚任意球就有 1 次破门，堪称奇迹。那个年轻人就是佐拉。

关于李嘉诚的一则轶闻则更为有趣。

李嘉诚的第二个女秘书为他工作了数十年，准备离开。在她离职之前，李嘉诚先生决定给她 200 万元作为退休金。但是女秘书拒绝了。她说：“在您身边那么久了，我一两千万元还是可以拿出来的。”这话让李嘉诚十分诧异：“你每个月的工资也就五六千元，你怎么会存那么多？”女秘书回答说：“我看您买哪些股票，我也跟着买一些，日积月累，自然就有了不小的收益。”

此传言未知真假，但道理确实不错。以成功人士为师，在大人物身边做事，看到的、听到的、学到的东西自然不同，对人生当然大有裨益。和优秀的人在一起，你也会变得优秀，使自己离成功更近，这几乎是一条定律。在学习上，在工作中，都是如此。

比如我的一位同学，是一位既聪明又努力的大神，托福接近满分，科研竞赛频频获奖，轻松拿到了去美国深造的名额。而他周围的那些好友，一开始的时候虽然各方面表现都很一般，但自从和他在一起后，总是一起上课的时候抢教室的前排，一起讨论问题，一起参加活动，写论文也分列一二三四五作者，现在这些人也都成绩位居班级前列，找导师、进实验室、参与项目，都做得风生水起，渐渐和普通同学拉开了档次。其他人就算也想在一起“抱团取暖”，由于缺少一位高水平的核心，也往往是“两个臭棋篓子下棋，越下越臭”，没有特别的长进。

所谓“近朱者赤，近墨者黑”，和优秀的人在一起，我们才能进步得更快。不管是学习也好，工作也罢，我们一定要摒弃“宁为鸡首，不当凤尾”的想法，上最好的学校，进最好的团队，才能眼界更宽，发展的空间更大，遇到的机会更多。

我想起了关于某重点中学的一则招生故事：

一位大款不惜巨资，非让他成绩很差的孩子去重点中学读书。有人问，你的孩子就算在重点中学，也肯定考不上好学校，何必花那个冤枉钱呢？他回答，我知道我孩子再怎么努力也考不上清北，但重点中学一年有一百多名学生考上清北，我的孩子同一届就有一百多位清北的校友啊！加上其他名校的同学，将来做生意，那是多好的人脉资源！

话虽然说得有些世俗、有些另类，但仔细想想，未尝没有一点道理。

跟优秀的人在一起，你的人生也有极大可能会变得与众不同。

努力久了，好运气自然会来

翻看过去的资料，一位曾经的考生写给学弟学妹们的信，再次引起了我的注意。

曾经，我用它来鼓励成绩并不理想的儿子。我让儿子以他为目标，奋斗了 3 年。虽然，儿子未能复制他的成功，但也没有留下太多的遗憾。和孩子一起奋斗的日子，值得怀念。虽然，我已经不需要这封信来激励自己的孩子。但重温这封信，对于马上就要参加高考的孩子以及他们的家长，或许有一点用处。

写信的学生，并不是一位传统意义上的学霸。他在高中整整 3 年的月考、期中、期末等数 10 次大型考试中，只有 2 次考进了班里的前 5 名。一次是在高二的时候，另一次是高考。其余的时间，他大多在班里的三四十名上挣扎。最差的一次，是班内 55 名，年级 700 多名，几近垫底。经过不懈地努力，到了百日誓师之后，也只不过到了班里十几名，时不时能进年级前 200 名。他最终的高考成绩是学校第 4 名、省内第 6 名，被清华大学工程力学系（钱学森力学班）录取。

我只想说自己对这封信的三点感受：

一是心态。“我始终认为态度决定一切，一个好的生活态度能让人受益匪浅。作为一个高中生，我也曾经像很多同龄人那样，为考试成绩不佳找很多借口或者试图从中找出一些规律。而后来，我终于认识到，考试不存在‘一次好一次差’之类的规律，最终产生影响的是自己的学习态度，意识到这一点之后，虽然成绩仍然时有不佳，但是我一直在坚持进步。”对学习有正确的心态，是成功的基础。

二是坚持。作为一名成绩并不出色甚至有时成绩倒数的学生，他也曾感到绝望：“我真的是害怕了，而且真的真的感到迷茫，对自己产生怀疑，怀疑自己的选择，怀疑自己的天分，怀疑自己的努力……”但他坚持住了，他知道，“一步步走下去，只要不放弃，最终一定会有出头的日子”，“努力久了，好运气自然会随之而来”。比如在考前复习的这段时间，班里的情况各不相同，“有紧张也有大战到来的激动，有忧虑也有终于要脱离苦海的喜悦”，“我能做的就是强迫自己机械地做好最后的每一套题，把自己不会的习题总结到积累本上，用自己的坚持来填补心中的紧张”。这种不到最后一刻不放松的坚持，是最后成功的保障。

三是理想。我曾在以前的文章中提到过，一定要给自己定一个稍高一点的目标。以那位考生的实力，合理的结果是北航，但他“厚着脸皮”把目标定成了清华。正是定了这样的目标，他才“再一次感觉到了自己的渺小，感觉到自己的差距，感觉到为了自己的理想还要付出多少的努力”。正是这样的压力，使他有了坚持下去的动力。

不可否认，任何考试都有运气的成分。最终考上了清华，这里面绝对有运气因素。但运气本身，也是一种能力。就像体育比赛，很少有人有绝对实力取得冠军，最后站在最高领奖台上的，往往是实力与运气共同作用的结果。但努力坚持，不到最后一刻绝不放弃，是最基本的要求。

正如这位学长对学弟学妹们说的那样：“作为一个过来人，希望能有和我一样在学习上遭受挫折的学弟学妹们能够在比我惨之前不要轻言放弃吧。如果你比我惨之后还没有放弃，那等你毕业之后也能写点东西再交给后来的人看了。”

学长的这段话，也许是对辛苦的学子们的一种精神支持。我们不一定最后都要考上清华，但我们一定要让自己无悔。我相信，只要我们坚持住，努力久了，好运气自然会随之而来。

04

第四辑

没风的时候
可以奔跑

也许，在生活中，每个人都是一只风筝。运气好的时候当然会借着风力扶摇直上，万事顺遂，但更多的时候却是没有风的日子，事事艰难。那么，请不必抱怨，你可以跑起来，只要不停下脚步，靠自己的力量，一样可以寻找到属于自己的那片天空。

没风的时候可以奔跑

“又是一年三月三，风筝飞满天。牵着我的思念和梦幻，走回到童年。”这是首老歌。

每逢三月初三，天上的风筝渐渐多了起来。看着广场上那许多欢快的孩子和满天的风筝，自己也不禁心动。

想起小时候，在农村田野里放风筝的情景。那时候风筝都是自己做的，用细竹片围成自己想要的形状，然后用牛皮纸糊好，拴上长长的线绳，再找一截木棍做线筒，风筝就做好了。一群大大小小的孩子，在待耕的农田里迎风跑着，略带凉意的春风，一望无际的田野，被风吹得红扑扑的小脸……一切都那么让人向往。放风筝当然是需要风的，但在城市的广场，风只能从高楼与高楼之间的缝隙当中间歇吹来，时大时小，时有时无。有时候，风筝刚刚升起来没多高，忽然风一停，就一头栽了下来。此时，聪明的孩子会跑起来，等风筝越飞越高，超出了楼层的遮挡，就会有持续的风吹来。每天在广场上放风筝的孩子，总有人因为风太小悻悻而归，也总有人奔跑着享受春光。当然，更有人在父母的帮助下放飞快乐。

没风的时候可以奔跑，这是放风筝的诀窍，也未尝不是人生的哲理。因为太多时候，我们经常会感觉自己就是那只风筝。离开了家乡，离开了父母，离开了那片一望无际的田野，在城市钢筋水泥的丛林里，没有背景，没有资源，时时会感到身不由己。在没有风可以凭借的日子里，我们只有全神贯注拉紧手中的线，时刻不敢停下自己的脚步。

童年是回不去了。人生，只能一路向前。

在生活中，每个人都是一只风筝。运气好的时候当然会借着风力扶摇直上，万事顺遂，但更多的时候却是没有风的日子，事事艰难。那么，请不必抱怨，你可以跑起来，只要不停下脚步，靠自己的力量，一样可以寻找到属于自己的那方天空。

时光不会辜负每一个努力的人

一位外卖小哥火了！原来，他在送外卖休息的间歇，还坐在电动车上抓紧时间看考研书籍。一位路人在经过时好奇地问："你还考研呢？"对此，外卖小哥淡定表示："准备得还可以，试试呗，今年不行明年再来，干啥事都要有个好心态！"

每个人都应该有自己的梦想，我们为勇于追逐梦想的外卖小哥点赞！不过，我忽然想到一个问题，外卖小哥的外卖都送给了谁？大部分是送给了工作忙赶时间的各行各业的劳动者，但同时，也有相当一部分送给了在校的大学生，他们也是外卖的一个巨大消费群体。

曾经看过一则报道，一些在高校兼职送外卖的同学，生意不错。而买外卖的同学，“至少一半”是那些游戏玩家。外卖小哥一边送外卖一边看考研书，有的大学生却在一边打游戏一边叫外卖，反差真大。记得多家自媒体都转载过一篇题为《沉睡中的大学生：你不失业，天理难容！》的文章。

文章中描述了一群懒散大学生的状态：

上课时，清醒的没有发呆的多，发呆的没有睡觉的多，睡觉的没有玩手机的多；下课时，自修的没有吃零食的多，吃零食的没有看连续剧的多，看连续剧的没有玩游戏的多。

作者感慨道：如此这般，就业时的失败怎能不比成功多？文章中写的当然只是大学生当中的一小部分，但也足够触目惊心。我们的大学生们应该明白，不是上了大学就有了一切，走上社会，还得靠本事说话。如果此时不努力，会在接下来的竞争中败下阵来。

这位外卖小哥，让我想起了另一个青年。

他高二上了一个月，家里实在无力承担学费就辍学了，然后，到全国各地打工，但仍然不想放弃学习。后来，经亲戚介绍，来到清华大学食堂工作。在清华的食堂，他开始自学英语，几乎把所有的业余时间都用在学英语上。功夫不负有心人，最终，他通过了全国大学英语四六级考试，参加托福考试，当年677分的总分，他获得了630分的高分。除了学英语，他还自学了计算机课程，广泛阅读与新闻采访有关的专业书，旁听经济和法律课程，甚至到北京大学成人教育学院读了3年的国际贸易专业，拿了一份货真价实的大专文凭。

他叫张立勇，人称“英语神厨”，获得过2012年“北京榜样”人物、中国十大年度新闻人物、共青团中央“中国青年学习成才奖”等多项荣誉称号，被誉为新时代中国青年自强不息的学习榜样。如今，他已经出版了3本书，成立了自己的工作室，开始做自己喜欢的公益事业。

张立勇虽然没有真正上过大学，但他通过自己的努力，改变了自己的命运，取得了很多大学生都难以企及的成绩。

人生是一场长跑，暂时的领先与落后都不能代表什么。

正像有人说的那样，时光不会辜负每一个努力的人，只要坚持努力，就会换来成功。而如果在最该努力的年纪选择了放松，即使暂时领先也会失去先机。

青春是用来奋斗的，不是用来挥霍的，谁也不能把最好的时间，用于玩游戏、睡懒觉。他一边送外卖一边看考研书，你却一边打游戏一边叫外卖。很可能有一天，他会坐在明亮的教室里学习，在高档的写字楼里工作，你却只能做一些累死累活的体力劳动。

所有的成就，一定都和努力相配

一位软件工程专业在读研究生，已经拿到了年薪几十万的offer。说句实话，这很让人羡慕。程序员工资高，工作环境相对好，工作内容更没有什么危险，风吹不着雨淋不着，大多数人都觉得这是最理想的职业之一。所以，很多对专业不满意的理工科学生，都希望自己能够转专业去学软件。某天，他和我闲谈起“遇事不决转码农”这句流传甚广的名言。“码农不过是把很多努力放到了毕业工作以后而已。你选择干这行，就意味着一定要紧跟着技术潮流，意味着周末不能像正常人一样休息，而是要读书学习充电。何况我们这种工作制，还很难有完整的周末，加班是生活的常态。接受不了这些的，还是不要转这个行业吧。”

细想，他说的确实颇有道理。曾经有这样的一项调查，即各行各业平均每周加班时长，互联网行业高居首位。平均每天 3 ~ 4 小时的加班时间，人家的高薪并非不劳而获，而是与日常的努力相配。

2018 年高考尘埃落定，衡水中学有 72 人高考成绩超过 700 分，升入清华、北大的学生超过 200 人。于是，“衡水中学拉高了河北全省的分数线”，“衡水中学的存在对其他地区不公平”的说法铺天盖地。其实，衡水中学学生的努力，完全配得上他们获得的成绩。有人曾经计算过，他们 3 年的学习时间，相当于其他学校 4 年。他们成绩的取得，不是靠作弊，而是靠努力。只要是靠努力取得的成功，就值得我们尊重。

其实在高考这一点上，无论在哪个国家都不会轻松。

在日本，就有所谓的“四当五落”的说法，即每天睡 4 小时就能考上心仪的大学，每天睡 5 小时就会名落孙山。这在很多日本影视剧里也有着生动的体现：著名的电影《垫底辣妹》中，女主角沙耶加喝着咖啡强撑，而墙上贴着各种记有知识点的便签和“一定要考上庆应大学”的话语，让人印象深刻。虽然日本的公立学校放学较早，看起来学生负担较轻，然而，想考上名牌大学的学生，大多数都是要到私塾里补课到深夜的。努力才能取得成绩，放之四海而皆准。郎咸平就曾在书里提到，美国人的第一志愿是想上哈佛大学，日本人的第一志愿是想上东京大学，中国人的第一志愿是想上北大、清华。而美国想上哈佛的高中毕业生有 0.06% 的机会能最终被录取，日本想上东京大学的高中毕业生有 0.19% 的机会，中国想上北大、清华的高中毕业生只有 0.04% 的机会。

想进名牌大学，就一定要花大量的时间读书。我想起一位全才，“三钱”中的钱伟长老人。

他以力学和应用数学上的成就而闻名于世，可很多人也许不知道，他是一个“重文轻理”的学生，理科曾是他的软肋。大学入学考试时，他的中文、历史两科都是满分，数理化加在一起仅有 25 分！“九一八”事变后，他决心弃文从理。钱老后来提到，最初成绩并不好，因为数理基础太差。怎么办？只有不断努力，废寝忘食地去用功。一年后，他的数理课程就超过了 70 分，毕业时他成为物理系最优秀的学生之一。钱老不断的努力学习持续了一生。他 36 岁学力学，44 岁学俄语，58 岁学电池知识，学计算机更是在 64 岁之后。

相对于大多数人，五六十岁退休后逗鸟遛弯的生活，钱老之所以为“大家”，之所以能取得举世瞩目的成就，最主要的原因还是超乎常人的努力。

当然，你可能会说，有人不用那么努力就可以成功，比如富二代。这话看似有理，但忽视了一个重要问题，就是努力的代际传递和代际受益。

曾经有这样一个故事，特别耐人寻味：

一个富二代大学生学习挺努力，天天去图书馆看书，每年都拿一等奖学金。结果有一次，一位同学来找他，要求他放弃当年的奖学金的申请。他问为什么，对方说：“我是第二名，你放弃了，我就是一等奖学金。你成绩好，是因为你家境好，没有后顾之忧，只需要专心学习即可。而我们穷人家的孩子，要天天去兼职，同时要好好学习，多不容易！”那位富二代回答：“是的，我现在是不用打工，那是因为我老爸一辈子都很努力。他90年代就去深圳下海做生意、开餐馆，那时候，你爸在干吗？前几年，我爸为了解决公司危机，心力交瘁，累到胃出血，那时候，你爸在干吗？”

富二代相对轻松，是因为他的上一代努力了，为他们打下了好的基础，提供了更高的平台。

人生就像爬山，哪怕只是上升一级台阶，也会看到和别人不一样的风景。而通往成功的台阶由努力构成，上面洒满了汗水。

所有的成就，一定都和努力相配。付出越多，得到越多，这是人生最基本的规则。

所谓优秀，就是按要求把事情做好

我的一位专业课老师是清华的博士，他在给我们上课时曾经提到，当年清华老师对他们学习的要求是“课上听一课时，课下复习两课时”。乍一听，这也不难，只要每天晚上把这节课的内容复习一遍就好。听到老师以同样的标准要求我们时，我们很多人当时心里都在想，每天晚上一定去自习室把老师讲的内容复习一下。但真正到了晚上，很多同学都去忙着做别的事情，复习白天功课的人寥寥无几。大多数同学都是等到了期末考试之前，才想起要赶紧复习。临阵磨枪的结果可想而知，一般只能勉强及格，有的还会挂科。而那些能够按老师的要求坚持课后复习的同学，也许每天用不到两课时，却可以轻轻松松在期末考试中取得高分。

其实学霸没有什么秘诀，只是按老师的要求做就好。知乎上在一个和建筑有关的问题下面，有一个高赞回答。

作者介绍道，建筑物施工的标准无论国内外都颇为严格，对一些误差的控制，要求“分毫不差”。可是，虽然白纸黑字摆在那里，实际施工中，却往往是现场规划，眼睛测量，达不到设计要求。最后对于有偏差的地方，只要不是差得离谱，就强行拼合或者焊接，这也是建筑质量参差不齐的原因。那些质量过硬的百年建筑，其实也没有太多秘诀，只不过是严格按照建造标准施工而已。

曾经，原装进口汽车和国内组装的汽车质量有较大的差异，虽然零部件和技术标准都是相同的。原因就在于，装配工人的素质和装配的质量不同。有人曾举例说，某款车底盘国外双面焊接，每面焊接 1869 个点，国内组装车只单面焊接且只焊接 1065 个点。某工厂进口国外注塑设备，国外要求：安装主螺杆先拧入 8 圈然后再拧松 2 圈，这样重复下去，直到主螺杆拧紧为止。工厂安装人员看后，每次拧入 6 圈然后停一会再继续拧紧，设备运行半年后主螺杆报废。

曾经有企业家在解释认真精神时，做了这么一个形象的对比：如果让一个有认真精神的员工每天擦桌子 6 次，那么他会不折不扣地执行，每天都会坚持擦 6 次。可是，如果让没有认真精神的员工做同样的事，那么他在第一天可能擦 6 次，第二天可能擦 6 次，但到了第三天，他可能就会擦 5 次、4 次、3 次，再后来就会不了了之。可以想象，短时间内，无论有无认真精神，他们二者擦出来的桌子都不会有什么太大的不同。但半年、一年之后，前者擦的桌子可能依旧光洁如新，而后者擦的桌子早已经变得脏旧不堪了。对此，这位企业家总结道，把每一件简单的事情做好，就是不简单；把每一件平凡的事情做好，就是不平凡。

还是说学习吧。

记得我上初中时，班里大部分同学都有抄作业的习惯。一个班里，大概只有五六个同学能够独立完成作业。其他同学，或是滥竽充数，胡写胡编，或是照抄一气，敷衍应付。到最后，考试成绩下来，前几名的，基本都是能认真完成老师所布置的作业的那几位。我属于不抄作业的学生之一，因此成绩尚佳。当时总有家长问我成绩好的秘诀是什么，我一般都回答说：“只要按老师的要求把作业都完成就可以了。”很多家长都不信。其实，我说的是实在话。只要同学们能够把老师留的作业都搞懂搞会，成绩肯定不会太差。初中如此，高中如此，在大学里也是如此。

所谓优秀，就是按要求把事情做好。只是，我们每个人都有惰性，都会有本能的应付、凑合的想法，特别是当自己并不出色的时候，更容易产生“差不多就行了”的想法。而正是这样的心理，让我们比别人少做了两道题、少复习了两节课、少擦了几遍桌子、少拧了几圈螺丝，最终，和成功无缘。

我们不妨从今天开始，踏踏实实下功夫，按要求去做每一件事。只要坚持下去，总有一天你会发现，自己已经远离了平庸。

父母给的叫背景，自己打的叫江山

有一位朋友，家境富裕。他的父辈这些年积累下的财产，多了不敢说，让他们几代人都衣食无忧是没有问题的。可这位朋友丝毫没有富家子弟的样子，他除了住的房子是父母给买的，其他方面从不仰仗父母。他每天在工作之余，还经营一家面馆。一天到晚起早贪黑，虽然收入比工薪阶层高得多，但完全都是辛苦钱。我问他：“家里老人早就已经为你准备好了一切，你何必这么拼呢？”

他一脸严肃地回答：“他们的钱是他们的，我的是我的。花老子的钱，虽然生活上少了压力，却没有了成就感。我不想活在父辈的阴影里，我要做自己的事情，过自己的生活啊！”

看得出，这不是矫情，这是他真实的想法。

记得我刚工作时，去一位同事家做客。同事夫妻二人都是从农村考出来的，完全是白手起家。老家那边不但在经济上帮不上忙，还时常需要他们补贴。一开始，他们没钱买房，只是租房。后来，他们攒钱在城里买了房子，虽然装修比较简陋，但说起现在的日子，他们的自豪和满足溢于言表。他们说，家里的一砖一瓦一针一线，都是两个人一起奋斗得来的。每一块窗帘，都有一段故事，每一个碗、每一个盘子，都有来历，都融有他们生活的点点滴滴。更重要的是，他们在这个过程中增进了夫妻感情，也感受到了奋斗的快乐。从他们身上，我们看不到贫贱夫妻百事哀，而是想到了夫妻恩爱苦也甜。

他们的生活态度，对我的影响很大。同样作为农家子弟，我也是一无所有，在这座叫家乡却毫不熟悉的小城，我找不到任何依靠。但靠着不断地努力，我也站稳了脚跟，拥有了应该有的一切。回首这些年，那艰辛的奋斗过程，也未尝不是一种幸福。

有句话说得好，父母给的叫背景，自己打的叫江山。上一代能够给我们提供良好的基础当然是一种幸运，但靠自己的双手打拼出自己的生活，才更有成就感。事实上，很多所谓的富二代，都不愿意在父辈的余荫下生活，而是选择了自己独立创业。

比如美团网创始人、CEO 王兴，他家里拥有一个总投资超过 6 亿元的水泥厂。但他几次创业从未收过父亲的赞助。1997 年，王兴从福建龙岩一中保送至清华大学电子工程系，2001 年毕业并前往美国特拉华大学攻读博士学位，2003 年冬辍学回国创业。2004 年 3 月正式开始创业。历经数次失败之后，终于成功。“大姨吗” App 创始人柴可也是一个标准的“富二代”，他父亲是上市公司老总。他创业 7 年，前 3 年做了 7 款产品，全部以失败告终。但柴可宁肯住地下室吃泡面，也不收父辈的钱，坚持自己独立创业。

“我一旦拿了父母给我的钱，就必须对他们有承诺，花自己的钱才是最安心的。”柴可说。

在生活中，有许许多多像他们一样的“富二代”，不依靠父母的背景，而是靠自己努力，去实现自己的人生价值。

如果生在一个富贵之家，确实可能省去很多

艰辛的奋斗。但如果我们无爹可拼，不必怨天尤人，自己去努力打拼，做第一代的开拓者，这也是上天对我们的眷顾。

在奋斗的过程当中，你收获到的快乐和幸福，可能比在父辈铺好的道路上过一辈子的人多很多。

李嘉诚没上过大学，不代表读书无用

不知道有些人是故意抬杠，还是想显摆自己知道点名人逸事，反正一说要努力上学，就有人拿出没上过大学也能成功的例子来反驳。比如有人说，李嘉诚没读过大学，“老干妈”陶华碧不识字，他们同样取得了成功。那气势，仿佛掌握了宇宙真理一般。

其实拿个例来说事，这叫“幸存者偏差”，根本忽视了那庞大的基数，是没有说服力的。比如我们说打篮球一定要是大高个儿，你肯定能举出例子来说 NBA 历史上也有 1 米 6 的博格斯和 1 米 7 的韦伯。但打篮球到底是高个儿有优势还是矮个儿有优势，这似乎根本不必争论。

同样，高学历者的成功概率要大于低学历者，生活质量要好于低学历者。

虽然李嘉诚没有读过大学，但他5岁开始上学，直到14岁那年父亲病逝，为了养活母亲和3个弟妹，才被迫辍学走上社会谋生。更何况，他不是不想上学，而是由于生活所迫不得不辍学。

而成功后的李嘉诚，更是知道教育的重要性，他说："要实现社会向上流动，解决跨代贫穷，教育改革是必由之路。"所以，李嘉诚基金会慈善捐款的45%用于教育，在20世纪80年代创办汕头大学，21世纪初捐资兴办长江商学院，后来又出资赞助创立了广东以色列学院。李嘉诚本人其实从未停止过读书，他曾说："我晚上一定会看书，如果我有一个小时，即使是睡不够、迟睡，我一样会看书。"李嘉诚更重视自己孩子的教育，他的大儿子毕业于著名的美国斯坦福大学。

"老干妈"虽然囿于历史条件所限，确实没有读过书，而且她创业也晚，孩子们似乎都不是高学历，但她同样非常重视教育。从一件小事中可见一斑：多年前，在老干妈公司里有一位来自农村的厨师，他父母早丧，家里还有2个年幼的弟弟。

可他爱喝酒抽烟，当时每月1000多元的工资，几乎都被他花掉了。陶华碧得知这一情况后，很是担心。有一天下班后，她专门请这个厨师到酒店喝酒，对他说："孩子，今天你想喝什么酒就要什么酒，想喝多少就喝多少。但是，从明天开始，你要戒酒戒烟。因为，你要让2个弟弟去读书，千万别像我一样一个大字不识。"

在胡润研究院发布的2017中国富豪榜中，财富在20亿元以上的富豪达2130人，其中有一半人没有全日制本科以上学历。有人据此说读书无用，但马上就有人计算出来，占总人口2.7%的本科以上学历人口，占据了最富有2000人中的一半，得出高学历进入富豪榜的概率是非高学历人口的36倍的结论。

再考虑到这些富豪们年龄偏大，其总人口中的高学历人口比例其实更低。很多人成功，一个重要的原因是赶上了改革开放这个重要的历史机遇。而统计后发现，在"80后"的富豪中，本科以上学历已经是压倒性优势，低学历成功的概率在迅速降低。其实不管富豪本人是不是高学历，他们无一不重视教育。

胡润就表示："让我印象很深刻的是，中国的上榜企业家都非常重视教育，几乎所有我认识的人都读过商学院。以北大毕业的李彦宏为代表的学霸级企业家的比例还在上升，目前是近10%，而另一半企业家没有全日制本科或研究生学历，但其中一大部分人都读了商学院来补充之前断掉的学习。"

也许有人会说，只统计富豪没有意义，我们都是普通人。伦敦政经学院统计过中国人的平均收入和受教育水平的关系，结果显示，大专以上文化程度劳动者的平均收入与高中文化劳动者的相比有一个质的飞跃。其实我们生活中也都有这样的体验，从整体上讲，学历高的人一般要比学历低的人收入更高、过得更好。

别动不动就拿李嘉诚和"老干妈"当例子。你14岁辍学养家，也成不了李嘉诚，你40多岁白手起家创业，也成不了"老干妈"。我们既没有和他们一样的天分，也没有和他们一样的机遇。更何况，他们那时候是没有条件上学，而不是故意有学不上，他们从来都不认为读书无用。

谁也没有说过低学历或不上学就不能取得成功，但上学有助于成功，这是不争的事实。

困难选择了我，所以我选择坚强

2015 年 12 月 17 日，在清华大学学生奖励大会上，校长邱勇弯下腰，将 2014—2015 学年度的特等奖学金证书颁发给一位坐在轮椅上的青年。这一奖项，旨在表彰全面发展或在某一方面具有突出特长或贡献的优秀学生，是清华学生的最高荣誉，每年只授予 10 位本科生和 10 位研究生。

获奖的青年叫矣晓沅。在 6 岁那年，他患上了类风湿性关节炎，因为常年的激素治疗，在 10 岁时又并发了双侧股骨头坏死。从此，他再也无法站起来。但身体承受着的伤痛并没有让他失去对学习的坚持，即使严重的关节炎影响到了他的书写，他的学习成绩也一直在年级中名列前茅。2012 年，矣晓沅以 679 分、全省理科第 16 名的成绩被清华大学计算机系录取。矣晓沅并不是天才。刚进入清华时，他基础薄弱，加之身体不便，大学一年级时只在班里排到 69 名。但矣晓沅坚信“笨鸟先飞”的道理。他抓住每一次向别人请教的机会，利用好自己的时间，付出了常人难以想象的努力。

矣晓沅说，他会给所有事情列一个时间表，分出轻重缓急。如果是重要的事情，会第一时间去集中精力完成。据矣晓沅的母亲介绍，他每天拿着书本资料一点点地啃，夜里 1 点才睡觉，第二天照样 6 点半起床准备上课。最终，矣晓沅的成绩从大一的 69 名进步到大二的 31 名，再到大三的 9 名，并获得了特等奖学金。

不仅如此，矣晓沅还做到了全面发展。从大一开始，矣晓沅先后加入系辩论队和校辩论队，获得过清锋明辩亚军、黄金联赛最佳辩手等荣誉；2013 年，矣晓沅作为队长，组建“中国远征军战斗遗址考察支队”，带队前往腾冲进行实践。在队友的帮助下，他坐着轮椅走过抗战博物馆，跨过怒江，走过战场遗迹，并获得了 2013 清华校级实践个人金奖等荣誉；他爱好文学，并将文学与自己的专业结合起来。大学三年级时，他作为主要人员参与了“计算机自动集句作诗”SRT项目，将诗词知识和计算机技术结合起来，开发了“Web端和移动端的集句作诗系统”。该系统能够根据用户输入的关键词生成集句诗，其移动端的App，还可以根据用户上传的照片自动生成符合照片内容的集句诗。

在知乎上，我们可以看到学弟对他的评价：“别的我不知道，曾经两次作为台下几百双眼睛中的一双仰慕过矣学长的风采。第一次，看过他打一场辩论表演赛，咬字清晰，逻辑缜密，吐槽犀利，相当机智。第二次，看过他参与编过的剧，全程高能，笑出三块腹肌……”

“困难选择了我，所以我选择坚强。”这是矣晓沅在演讲中说过的一句话。这是在激励自己，也是在激励他人。有时候，命运确实不公，我们可能在身体、长相、家庭背景等方面，和别人有着不可弥补的差距。但命运又是公平的，因为只要我们努力，即使有一些先天的不足，照样能够取得成就，甚至超过在某一方面得天独厚的其他人。

我们很多人在学习和生活当中遇到的那一点困难，跟全身数十个大小关节严重变形，连转头、抬手、弯腰等动作都十分困难，穿衣吃饭都需要母亲照料的矣晓沅相比，真的算不了什么。所以，当我们遭遇到困难和不幸的时候，我们不要自怨自艾地问上天“为什么是我”，因为那于事无补。我们应该勇敢和坚强地去面对，扼住命运的喉咙。

矣晓沅在本科毕业之后，被推荐到清华计算机系人工智能研究所，主攻人工智能相关的研究方向。而且，清华的校友也被他的事迹所感动，积极出力对他提供帮助。新百年基金的理事长朱红校友，帮助他联系到了北京 301 医院的专家，为他进行了会诊并做了 2 次关节置换手术。经过艰难的康复训练，矣晓沅已经可以在器械帮助下走十几米的距离。这对于在轮椅上坐了 10 多年的矣晓沅来讲，已经是巨大的成功！

他是靠自己的坚韧与顽强改变了自己人生的命运。虽然我们还不能说，矣晓沅战胜了人生所有的困难，但我们相信，矣晓沅会走得更远、飞得更高。轮椅困不住矣晓沅前行的步伐。同样，只要我们能够像矣晓沅一样坚强，所有的困难也困不住我们前行的脚步。当我们遇到困难的时候，不妨想想那位叫矣晓沅的人。

“困难选择了我，所以我选择坚强”，这应该成为我们每个人的座右铭。人生当中难免遇到困难，但只要我们坚强，不屈服于命运的不公，任何困难都会在我们面前退步。

我们努力的天花板，只是别人的起点

父母是外交官、家境优越的北京高考文科状元熊轩昂同学，因为一句耿直的“农村地区的孩子越来越难考上好学校”，戳中了很多人心里的痛点。但说实话，熊轩昂说的并不完全对。阶层固化确实是一种客观存在，但仅仅对于高考来讲，阶层固化其实表现得并不明显。甚至相反，高考还在某种程度上承担着打破阶层固化的责任。比如甘肃定西的魏祥同学，他由于患有先天性脊柱裂、椎管内囊肿，出生后双下肢运动功能丧失，下岗多年的爸爸又早逝，只有坚强的妈妈陪着他一路求学，直至考上清华。如果只是拼阶层的资源和实力，恐怕魏祥根本就没有上清华的可能。

我们的高考制度虽然有这样或那样的不足，但是却能够最大程度避免西方那种“家里越有钱，孩子就越享受好的教育，将来就越有钱”的轮回。至少，对于考国内大学来讲是如此。相信还有其他穷人家的孩子和魏祥一样，凭自己的聪明和勤奋，通过高考进入全国顶尖的学府。不过，同时我们也应该承认，同样是上清华北大，魏祥们和熊轩昂们的个人素质有着巨大的差距，他们的身上有着明显的阶层烙印。

熊轩昂们阅历丰富、爱好广泛，魏祥们在这些方面可能是一片空白。即使在今后的 4 年里他们共同生活在一个校园，他们之间阶层的鸿沟也将一直存在，他们人生的格局也有着巨大的不同。前者一直踩在父辈的肩膀上，可以站得更高、走得更远，也过得更轻松。而后者，没有任何外力可以凭借，唯一可以依靠的是自己聪明的大脑和不知疲倦的勤奋。

虽然穷人家的孩子奋斗了 18 年才有资格和别人坐在一起喝咖啡，但喝完咖啡，人家可能坐上飞机去周游世界，穷人家的孩子却要精打细算去还银行贷款。正像有人说的那样，我们努力的天花板，只是别人的起点。可能穷人家的子弟奋斗一辈子，最多也只能达到人家现在的高度。但我们没有必要抱怨不公，因为这个世界根本就没有绝对的公平。社会阶层是客观存在的，也是必须存在的。如果没有了各阶层间的流动，奋斗也就失去了意义。

父母是外交官，是高级知识分子，能够为孩子提供更好的教育环境，这很正常。如果我们要求外交官的子女仍然像普通的农家子弟一样，什么都没有见识过，什么都没有经历过，只知道死读书，对人家也不公平。

阶层的固化是通过代际的积累形成的，熊轩昂的父辈通过努力给孩子打好了基础，很多人的父辈则没有抓住人生的机遇，没有付出足够的努力，没有给后代留下足够的资本。所以，从某种意义上讲“拼爹”是公平的，上一代的努力，自然要在下一代身上表现出来。因为，我们自己努力多一点，差距就会小一点，就算这一代没有赶上人家，也可以给下一代打下一个好的基础。就算我们努力的天花板只是别人的起点，我们没有做外交官或高级知识分子的父辈，但我们通过努力，自己当上外交官、成为高级知识分子，将来给自己的孩子营造良好的家庭氛围，这同样是人生的成功。

我们的先天不足，只能通过后天的努力去弥补。而且，我们应该庆幸，还有高考这个通道，可以让普通家庭的孩子仅仅靠努力读书，就有机会和那些资源得天独厚的家庭的孩子站到同一个位置。

人生实苦，但请你相信，只要自己努力，就可以实现阶层的向上流动。到那时候，我们的孩子的起点，也将成为别人努力的天花板。

05

第五辑

你的命运
始终掌握在自己手中

命运看起来不可捉摸，但再曲折的命运，也如同手心的掌纹，只要我们握紧双拳，就始终掌握在自己手中。

你的学历就是你人生的下限

我身边有几位年轻人正在找工作，我在中间也操了点心，颇有一点小感慨。

我发现，一个人的学历，真的决定了他人生的下限。毫不夸张地说，一个人拥有什么样的学历，就会找到什么样的工作，然后就会过上什么样的生活。至少，在人生的开始阶段确实如此。

第一位是我的外甥。他初中毕业，一直在四处打工，托我帮忙给介绍一个工作。正好有朋友在一家企业负责人事，我赶紧打电话过去咨询。朋友一接电话，很爽快："行！正好有一个去外地培训的机会，回来就会安排在管理岗。对了，孩子是哪儿毕业的？”我不好意思地说：“这个工作恐怕干不了，他才初中毕业。”“哦，那肯定不行。至少得本科毕业才有机会。”朋友说，“那他有什么特长没有？”答案仍然是否定的。一个初中毕业、没有任何特长的年轻人，最后也只能在车间里做一些体力活或简单的技术工作，找找关系能够轻松点就不错了，管理岗位根本没有机会。最后，外甥的工作找到了，月薪 3000 多元，而且是三班倒。

第二位是我的侄子。他普通师范院校毕业，公务员没考上，想应聘做中学老师。正好有朋友在朋友圈发了一份某中学的招聘教师的通知，我高兴地打开一看，发现中学教师岗位要求，根本不招普通师范院校的毕业生！考本县的教师吧，且不说不是每年都招聘，就算招聘，竞争也非常激烈，他的师兄师姐，很多人考了很多年还没有考上。当然，一些民办学校对他们还是敞开大门的，只要能力达标，都能找到一份工作。最终，侄子暂时去了本地的一所民办学校，一边上班，一边准备考研。除了所谓的稳定性差一些，工资收入也并不低，一个月大概五六千元。

另一位是朋友家的孩子。他是名校毕业，而且是海归，本科毕业于清华，博士就读于美国著名大学。按理说，这样的人才应该好找工作了吧，没想到我却听到朋友抱怨，说孩子读的专业不太好，不但没有学金融或IT的挣得多，就算想回国谋一个教职都千难万难。偏偏我的手头有一份省内某高校的招聘启事，于是赶紧给了他。因为招聘启事上有明确的备注，根据省内的人才计划，他这样的名校毕业生肯定会受到优待。别说是美国名校的博士，就算只是清华的毕业生，也没有问题。只不过，人家知道了招聘的学校之后说了句："这样的学校谁去啊！"原来，人家所谓想谋一份教职很难，只是在北京的顶尖大学谋一份教职不太容易而已。

不用举太多的例子，从以上3位年轻人的身上我们就可以得出结论，学历其实就是一个人的下限。你的学历，决定了你的起始平台、你的起始收入、你的起始生活。从整体上来讲，上过大学的比没上过大学的起点更高，名校生比非名校生起点更高。当然，一个人最终能够达到的高度，不仅取决于学历，还取决于他的能力和机遇。只要能力够强、机遇够好，就算学历低一些，多半也能取得人生的巨大成功。从这一点上讲，我们的人生也许有下限，但没有上限，即使起点低一些，也可能跳得更高。但显然，同样的能力、同样的机遇，如果学历高一些、平台好一些，会让你成功的可能性变得更大。

比如俞敏洪，他是北大毕业，他职业的起点是北大一名普通教师。而北大这个平台，让他遇到了一帮优秀的同学，让他有机会选择出国。正是在申请出国的过程中，俞敏洪发现英语培训在国内还是空白，于是才开办了新东方。后来新东方的发展壮大，都和俞敏洪能够站在北大这个平台，拥有更多的人脉和机会有重要关系。如果俞敏洪前两次高考失败就选择放弃，就不会有后来的平台，恐怕他的人生会是另一种样子。

在第四届世界互联网大会期间，一张“乌镇饭局”的照片曾流传于网络，照片上的那些互联网大佬，个个都是名校毕业。他们用事实说明，学历和事业呈正相关。

也许大多数普通人没有过人的能力，也没有千载难逢的机遇，难以成为业内大佬，只能简简单单平平凡凡过日子。对于这样的普通人，其实学历显得更为重要。因为，他可能在学历最初为他提供的那个平台上面干一辈子。此时，学历不仅代表他人生的下限，也代表了他的一生。

人生充满了变数，人生的路有千万条，但

努力学习，考一个好的学校，取得一个好的学历，认识一帮好的朋友，学到足够多的本领，是最正确的那一条。

因为，学历越高，你生活的平台就越高，你人生的空间就越广，你遇到的机会就越多，你成功的可能性就越大，你的生活就越好。

读书不是为了让你登上峰顶，而是为了不让你跌入谷底

一说到上学读书的问题，肯定就会有人抛出读书无用论来。比如，有网友给我们的后台留言说：“你日夜辛苦读书，就能改变命运吗？未必。”“这些做老师的，可能上学时学习都算过得去，但你问问自己，你幸福吗？未必幸福。读书跟幸福、成功人生，真没有什么必然的联系。”

下面一位医生网友的反驳，我觉得特别在理，他说：“我看到过太多家境贫寒的孩子、父母双亡的孩子、身有残疾的孩子，都通过上学改变了命运。我告诉你，读书不但能改变一个人的命运，而且能改变一个人的格局和思想境界。喜欢学习和不喜欢学习真的不一样，上过大学和没上过大学真的不一样，

研究生、博士毕业跟高中学历真的不一样。或许有博士毕业的人还不如小学毕业的人收入高，但那些低学历高收入者一般都有超人之处，绝大多数学历低的人只能靠勤劳提高收入。”

确实，一些富二代、官二代在短期内真的有可能靠父母的余荫过得很好。但对于大多数普通人来讲，尤其对于社会底层的人来讲，读书受教育，是改变人生最大的机会。如果不读书，他们可能难以摆脱自己的阶层，更难以改变自己的人生。当然，这不是说读了几本书就能改变人生，也不是考上了大学就能功成名就。而是通过读书帮你打开了一扇窗子，让你的人生拥有了更多的机会和可能。

比如余秀华。这位因出生时倒产、缺氧而造成脑瘫的女诗人，如果没有读书与写作，可能会像许许多多我们经常看到的农村残疾妇女一样，嫁一个或多或少有部分缺陷的男人，为他生一个或几个儿女，一家人在别人异样的目光中痛苦生活。正是因为读了书，让余秀华有了和他人不同的气质，也给她带来了更丰富的人生。虽然她的残疾使她言语不便，但读书让她拥有了飞翔的翅膀，比许多健全的普通农妇飞得更高、飞得更远。也许，这是网络时代给了她宝贵的机遇，但如果不读书，显然再好的时代、再好的机遇她也会错过。

还有湖南的欧阳凯，同样由于出生时缺氧导致脑瘫的他，从小就不能行动自如，不能清晰地说话，医生判定他“将在床上度过一生”。他没有放弃自己，也没有放弃读书，自学了电脑和写作。从《围城》到《古文观止》，再到《曾国藩家书》；从海子、徐志摩，再到席慕蓉、舒婷，他疯狂地阅读，沉醉在书的海洋中。为了能够清晰地说话，他把小石头含在嘴里，努力练习换气和发音。如今，他已经出版了多本励志书籍，还曾被邀请到人民大会堂进行演讲。他不仅改变了自己的人生，也激励并帮助了许许多多的人。如果不是读书，他可能只是一个完全靠年迈的父母抚养的残疾人，但现在的欧阳凯，却是有着自己的事业，能够自食其力并且可以反哺父母、反哺社会的人。

读书不是为了让你登上峰顶，而是为了不让你跌入谷底。”谁也不可能今天读了几本书，明天就马上改变人生，或者读了个大学文凭，就能一辈子衣食无忧。但有几本书垫在脚下，你看到的将是不一样的世界。

勤不一定能够成功，但懒一定会失败

一位语文老师给我讲了一个她亲身经历的故事：

上课时，她给班里的学生留了一个课下作业，要求背诵《陋室铭》，说好了第二天检查。

结果第二天上课时，只有寥寥几位学生能够顺畅地背诵下来，大部分学生都背得磕磕巴巴，还有相当一部分学生压根儿就没背。当然，会背的学生都是班里成绩比较好的。于是她要求背不好的学生回去再背，第二天再检查。次日发现效果好了一点，但仍然有不少人不会背。这样折腾了一星期，到了周末，这篇简单的古文还是有几位学生背不出来。她生气了，周五放学前的最后一节课，她把那几位学生叫到办公室，告诉他们，背不出来就别回家，让家长来接！结果放学之前，那几位学生全都会背了！原来，他们不是不会背，只是太懒！

不同学生确实有天分差异，但对于大多数学生来讲，成绩的差异不是差在了天分，而是差在了勤奋。

新东方的创始人俞敏洪也许算不上是一个特别聪明的人，他参加了 3 次高考才考上大学。在北大，他也不是成绩拔尖的学生，甚至成绩还比较靠后。而屋漏偏逢连阴雨，上大学期间他居然得了肺结核，在医院里待了整整一年。这对于一位年轻的大学生来讲，真的是倒霉透顶了。但俞敏洪在医院里做了两件事，一是几乎一天看一本书，另一个是背单词，平均每天背 50 个单词。到年底时，他的词汇量从原来的 8000 多个上升到了 20000 多个。这直接促成了后来新东方的诞生，使他成为 20 世纪 80 年代末中国教学培训 GRE 词汇的第一人。

想想有许多大学生，4 年的时间大部分用来打游戏、玩手机，一些人连四六级都过不去。我们知道，英语学得好坏，和词汇量呈正相关。别说一天背 50 个单词，就算是一天背 5 个，大学 4 年通过四六级考试也没问题。能考上大学，脑子肯定不笨，考不过四六级，最大的原因就是懒。

葡萄牙的当红球星 C 罗曾刷爆了朋友圈。

这位 38 岁的“老”运动员，依然拥有不输 23 岁的体能和竞技状态，他的一记倒钩高度 2.38 米，几乎与球门横梁持平。他偶尔露出来的八块腹肌，更是令人称羡不已。C 罗是怎样做到的？原因无他，只有两个字：勤奋。有媒体曾爆料，C 罗在曼联效力时，每天最少花一个小时锻炼腰腹肌肉，转会皇马之后更加疯狂，每天做 3000 个仰卧起坐。前皇马主教练则称，C 罗有时候甚至会训练到凌晨 3 点，将娇美的女友扔在家里独守空房……很多网友拿 C 罗和国足的球员进行对比，结果当然是我们的球员惨不忍睹。

咱们的足球不行，原因当然多种多样，但至少有一个原因，那就是有些球员有点懒。

我们都听说过“天下第一懒人”的故事。

一名 23 岁神志正常的河南青年，因父母溺爱，以致懒惰成性，最终活活饿死在家中。这位名叫杨锁的男子，8 岁时自己还不用走路，出门都是父母挑或抬。本来聪明的他不好好上学，老师管教稍严父母就去学校交涉。在杨锁 13 岁那年，父亲因病去世，但母亲仍然一点活儿也不让他干。结果，母亲也积劳成疾，在杨锁 18 岁那年病故。母亲死后，村里人给杨锁介绍了几份工作，但他挑三拣四，最后都被辞退。杨锁卖光了家里所有值钱的东西，就到各家讨饭吃。村民说，杨锁“从来不洗衣服，穿脏了就扔掉，再换一件。村里人给他的肉、菜，他都挂在屋檐上，放臭了也不煮来吃。吃到一顿饱饭后，他就一直睡，有时能睡一两天，饿到不行时再出门讨饭吃。”天冷时，他甚至连大便都懒得出门，方便后就在堂屋地上刨个坑盖上土。为了取暖，杨锁把家里能烧的东西都烧了。最终，在一个大雪天，他的堂兄估计他已经好几顿没吃饭，给他去送饭，发现他已经饿死在家里。

这当然是一个极端的例子，但不同程度的懒，虽然不会一下子丢掉性命，却可以丢掉成功的机会，丢掉事业的进步，最终一点点把生命荒废掉。

在一个领域做到顶尖，确实要靠天赋，甚至有时还得有运气。比如想当学霸，比如想获得诺贝尔奖，比如想当球王，都可能仅凭努力无法实现。但有句话说得好，我们很多人根本没有到需要拼天赋的程度。想让自己在普通人中出类拔萃，靠努力就已经足够。

很多人的一辈子，都毁在了一个“懒”字上。每天多睡一会儿懒觉，多玩一会儿手机，少听一次讲座，少锻炼一次身体，日积月累，最终形成习惯，就和别人有了差距。

“你很有骨气，你很有想法，而且你不甘平庸，可是你懒啊！”这句话，真的是很多人的画像。

C罗说，值得拥有的东西，永远都来之不易。勤不一定能够成功，但懒一定会失败。不管是学习还是工作，都是如此。

所以，想让自己的人生不平庸，首先要把“懒”字从我们人生的字典里抠掉。

人可以白手起家，但不可以手无寸铁

知识，哪怕是知识的幻影，也会成为你的铠甲，保护你不被愚昧反噬。

翻阅过去的读书笔记，看到香港著名电台节目主持人、作家梁继璋《给儿子的一封信》里的一句话，非常有感触。

梁继璋说："虽然很多成功人士都没有受过很多教育，但并不是说不用功读书就一定可以成功。你学到的知识，就是你拥有的武器。人，可以白手起家，但不可以手无寸铁！谨记！"

这几乎是我见过的对于教育的最好诠释了。天天让孩子努力学习的我们，经常会受到这样的质疑：很多人学习不好同样能够成功，为什么我非得拼命学习？

确实，现实中能够找出太多学习不好甚至没上过学，最后仍然能够取得成功的例子。当孩子说出这番话的时候，我们可能明明知道他是在强词夺理，却不知道应该如何反驳。因为，我们有时候自己也搞不清楚，在接受教育和事业成功之间，究竟存在什么样的关系。梁继璋的这段话，把其中的关系说明白了。

所谓"铁"，就是我们可以倚仗的资本，是我们战斗的武器，是让我们在这个现实的社会里得以安身立命的东西。比如，广博的学识、聪敏的天资、良好的家境、深厚的背景、过人的特长、卓绝的毅力、独特的思维，甚至上天眷顾的机遇，都可以成为我们手中的武器。这里面一些东西不一定要靠读书得来，这就是有人没有受过很多教育却能够成功的原因。但显然，通过受教育获取知识，仍然是最重要的一种让我们变得有竞争力的方式。而且，这种方式几乎没有门槛，对所有人都适用。这就是我们要让孩子努力学习的原因。

需要注意的是，我们通过读书得来的武器，可以分为两种：一种是有形的，可以学以致用的知识和技能；另一种是无形的，是在环境中潜移默化，最终变成你的素质。

有人问：“我读过很多书，但后来大部分都被我忘记了，那阅读的意义是什么？”有人这样回答：“当我还是个孩子的时候，我吃过很多食物，现在已经记不起来吃过什么了。但可以肯定的是，它们中的一部分已经长成为我的骨头和肉。”虽然学习、教育、读书在短时间内可能感觉不到效果，但你已经在不知不觉有了变化，一些看不见的东西已经融入了你的身体和灵魂。

如果孩子再向我问起学习有没有用的问题，我会把梁继璋的这句话送给孩子：

你学到的知识，就是你拥有的武器。人，可以白手起家，但不可以手无寸铁！虽然，拥有武器不一定成功，但如果你没有武器，只会让你成功的概率更低。而拥有的武器越强大，越会让你离成功更近。

学问之道无穷，总以有恒为主

近年来，有一个很有意思的文化现象，就是曾国藩忽然受到了很多人的推崇。作为历史人物，他在政治上的功过自有公论，但从古时士大夫“修身齐家治国平天下”的角度来说，曾国藩确实堪称“完人”。

在生活中，曾国藩不但做到了严格自律，而且对兄弟、家人的成长也颇为关心。在曾国藩家书中，有相当一部分是对几位弟弟劝学的内容。他从自身的实践经验出发，总结出了很多有价值的学习方法，对后人有很大的启发。

曾国藩的先天资质并不突出，他之所以能够取得令人瞩目

的成就，更多的是缘于后天的努力。关于读书，他最推崇的是两个字：有恒。比如曾国藩在道光二十四年（1844）十一月二十一日给4位弟弟的一封信中写道：往年常示诸弟以课程，近来则只教以“有恒”二字。他在信中强调，“学问之道无穷，而总以有恒为主”。并拿自己当例子说，从7月初一开始，每天临帖上百个字，抄书上百个字，看书至少20页，没有一天间断。从7月算起，已经看过《王荆公文集》百卷、《归震川文集》四十卷、《诗经大全》二十卷、《后汉书》百卷，而且都有红笔加圈点批注。这些，都可以从曾国藩日记中得到印证。而曾国藩写日记的坚持，也非常人可比。不管战事如何紧张、事务如何繁杂，他都天天坚持，直到临终的前一天，还记了日记。

这种超凡的“有恒”精神，和他的成功有着直接关系。

我上大学时，中文系的一位青年教师给我留下了特别深刻的印象。当时，学校年轻老师较多，生活大都比较闲适，喜欢没事的时候在一起喝喝酒、打打麻将。而那位老师，每天至少要写两千字，经年不辍。前几年打听他的情况，他已经是某全国重点大学的博士生导师，出版了多部专著。

台湾著名作家林清玄，多年坚持每天写三千字，保持两三个月出一本书的速度。著名作家张恨水，也是每天必须写出三四千字。因其笔下五百万字的“帝王系列”(《康熙大帝》《雍正皇帝》《乾隆皇帝》)而被海内外读者熟知的作家二月河，2006年版税收入至少1200万元，为该年度中国作家版税收入的第二名。而他只有高中学历，是在40岁时才杀入文坛的，他的成功无非也是两个字：坚持。

二月河说，一个人无论怎样笨，只要认准一件事，每天干它十几个小时，这样坚持一二十年，总会弄出点东西来。鲁迅先生曾说：“哪里有天才，我是把别人喝咖啡的时间都用在工作上了。”此言不虚。

很多人之所以难以取得成就，在于缺乏恒心，在于总是给自己的懈怠找借口。曾国藩的弟弟们也存在这样的问题，曾国藩在信中多次劝导。比如曾国藩的四弟22岁了还没有取得功名，于是写信给曾国藩，想外出找一个学馆，理由是学馆比较清净，而在家塾读书总是被杂事打扰。曾国藩在回信中不客气地指出：“苟能发奋自立，则家塾可读书，即旷野之地，热闹之场，亦可读书，负薪牧豕，皆可读书。苟不能发奋自立，则家塾不宜读书，即清净之乡，神仙之境，皆不能读书。”在另一封信里，他同样指出，我在京城里天天事务繁多，即使这样，我都没有间断学习，你们在家怎么可能比我这里事情还多呢！说在家不能用功，这是在“巧于卸责”。曾国藩对弟弟们说，就算真的事情多，也不能间断读书，就是走路的时候，到店里的时候都是可以看书的，考试出场之后也可以看书。

这样的读书理念，让人一下子就想到了衡水中学。

衡水中学的学生，正像曾国藩要求的那样，真正做到了把一切零散时间都利用起来读书。跑操前准备的时候，人人手里都会拿一本书；买饭排队的时候，也抓紧背几个单词；课间休息时，有的做一道题，有的做一篇英语的阅读理解。记得有人说过一个让人印象深刻的有关衡水中学的故事：

各地的老师们带领学生去石家庄参加奥赛，在考试前的时间里，其他学校的学生或焦急地等待，或三五成群交头接耳闲谈，唯有衡水中学的学生仍然在一起研究题目。形成这样的习惯之后，确实从抗干扰能力到时间利用效率，都会有大大的提高。

古人说得好，良马虽善走，而力疲气竭，中道即止。驽马徐行弗间，或反先至焉。是故举一事，学一术，苟进取不已，必有成功之一日，在善用其精力耳。

每个人的天资我们不能改变，但后天的努力如何，却把握在自己的手中。

成功没有捷径。记住“有恒”二字，找准目标，制订计划，坚持执行，不管是读书也好，做事也罢，必有收获。

寒门贵子，贵在奋斗

花了大半个晚上的时间，看完了那篇叫《寒门再难出贵子》的帖子。

作者是一家银行的 HR，他接待了一群到银行实习的大学生，然后观察他们人生的轨迹，用一个个鲜活的例子，得出了寒门再难出贵子这一结论。有人评价说，这篇文章很真实，真实得会让一些人对生活产生绝望；这篇文章很现实，现实得会毁掉一些人的梦想；这篇文章也没有正能量，但有助于我们认清这个社会。当然，作者的视角相对单一，文中关系和背景决定一切的现象绝非这个社会的全部，现实当中，并不缺乏寒门子弟逆袭成功的范例。但同时，我们也不得不承认，阶层固化确实是这个社会的真实情况。文中描述的那些场景，天天都在我们身边上演。

千百年来，科举制度曾给底层的百姓提供了一个“一步登天”的途径，虽然狭窄，但相对公平。无论你出身如何，只要在科举场上表现出色，就能够“朝为田舍郎，暮登天子堂”，成为人生的赢家。多年前的高考制度，也曾部分承担了这种功能，只要考上大学，就能够彻底改变命运。但现在，高考已经不再有同样的作用，大学生一毕业就要自主择业。而在现在这个社会，家庭背景对孩子的影响就显得至关重要。

首先是良好的家境，决定了孩子从小能够接受更好的教育，学到更多更丰富的知识，掌握更多的能力，在竞争中领先别人一步。其次是即使有背景的孩子能力不突出，家长的一个电话可能就胜过你 10 年的奋斗。无论你大学的成绩有多好，社会活动表现得多优秀，在家庭实力的 PK 当中，你马上就会被打回原形。

有时候，命运真的从一出生就已经决定。而且，改变的机会不大。那么，我们如果不幸出身寒门，将不得不面对这个沉重的命题：既然努力也难以改变命运，我们是否还要努力？对此，知乎上的一个回答深得吾心，恐怕也切合很多人的实际：很多人所谓寒门出贵子，是希望在一代人甚至只是短短 20 年左右，寒门子弟就可以逆天改命，这个当然难。实际上寒门仍然可以出贵子，只是你要有耐心，用 2 到 3 代人的时间慢慢来。所谓富不过三代，人家贵族子弟想落魄也要三代呢，你得等他们腾地方不是?

我的曾祖父是个文盲，不知道是从哪里移民到河北的；我的祖父也是文盲，移民到了天津郊区打些零工，虽然穷但是可以供父亲上学了；父亲上到高中进了国企，有稳定收入就可以供我上大学了；我大学毕业当了教师，有中等收入就可以供得起我儿子受更好的教育。

一代一代慢慢来嘛，我祖上三代都没放弃希望，我为什么要绝望呢?人家这一辈的优势，是一代一代积累的结果。既然我们每个人往前推三代都是农民，为什么现在有的人轻松有的人劳累，有的人富贵有的人贫穷?只是因为，我们的父辈祖辈没有抓住人生的机遇，可能没有付出足够的努力，没有生来与众不同的才华，没有给我们留下足够的资本。

我们自己努力多一点，就算这一代没有赶上人家，也可以给下一代打下一个好的基础。比“拼爹”更让人看不起的，是埋怨自己的爹没本事，然后就心安理得不去努力。

就拿《寒门再难出贵子》中的例子说吧，那位优秀的班长，虽然最后没有像有背景的孩子一样留在银行，有一个金色的未来；虽然他只是买了城市边缘的房子，而且农村父母及弟弟的压力让他不堪重负；虽然在富贵的同学面前，双方的境遇仍然一个天上一个地下，但最起码，他这一代已经不再像父辈一样是普通的农民，他的孩子，会出生于城市的工薪家庭，这已经是一个阶层的进步。而这一切，不正是通过努力得来的吗！如果他不努力，不上大学，那么，他还会重复父亲的老路，他的现在，就是他儿子的将来。

所以，对于寒门再难出贵子，我们是否还要去奋斗这个问题，我们有了答案，那就是先通过自己的努力，跳出寒门。这样，自己的孩子就会站在更高的起点上和人竞争，最终，通过一代一代的努力，实现人生的跨越。

你的努力，永远不会被辜负

一位中学生加我的微信，向我诉苦："老师，为什么我看了那么多书，却仍然不会写文章，语文成绩也不好？"我问他都读过些什么书，从他的回答来看，确实比同龄的孩子读的书要多一些，但还远远称不上博览群书。我告诉他，读书确实对写作、对提高语文成绩有益，但不见得你今天读了书明天就能看到效果。读书是一个厚积而薄发的过程，不见得一下子就有功利性的回报。而且，读书对人的影响是潜移默化的，也不仅仅表现在语文成绩上面，也许在不知不觉之间，你的个人素质已经在悄悄提高。

你的努力不会白费，坚持下去，肯定会有意想不到的收获。

很长一段时间了，我一直在努力减肥，不仅制订了运动计划，天天坚持走路上班，每天晚上打一两个小时的乒乓球。还买了个体重秤，天天早上起来定时称重，并做成电子表格，认真地记录在电脑上。但遗憾的是，体重的数字在某个范围内一直起起伏伏，并没有明显的减轻，似乎腰围也没有什么变化。说实话，看到这样的数据，我也有些灰心，觉得自己白努力了。不过，不知道从什么时候起，经常有身边的朋友乃至陌生人说我的气色很好，显得精神特别足，人也挺拔。这是以前没有过的事情。其实我自己也经常觉得，身体比以前更轻便，有时候过马路的时候，都有一种想小跑的冲动。出去旅游、登山，别人都气喘吁吁了，我仍然不觉得累。我知道，这些都是坚持锻炼带给我的益处。虽然体重并没有减轻，但精气神已经有了改变，体检时，各项指标也明显比以前好了许多。而这些，不正是减肥想达到的效果吗?

再说说我最爱讲的俞敏洪的故事。俞敏洪曾在电视节目中坦言，他一开始创办新东方的目的，只是为了挣够出国的钱。因为当时他联系的美国的大学，只给了他 20000 美元的奖学金，但出国一共需要 30000 美元。而他在北大教书的工资，每个月只有 60 元，需要不吃不喝 100 年才能攒够缺的那 10000

美元。于是，他决定创办新东方，给自己攒出国的学费。3 年之后，他终于攒够了去美国读书的钱，但他发现，新东方是一项事业，出国需要的托福、GRE、GMAT 考试，相应的教育在国内是一片空白。他决定留在国内，把新东方做大做强。俞敏洪为出国准备了 4 年，对出国的流程、对国外入学考试了然于胸，最后却没有出国。但他那几年的努力和实践，显然给他带来了另一种收获，成了他事业的起点。

爱迪生有一则逸事，大家都耳熟能详：他试制白炽灯泡的时候，选用各种材料做灯丝，失败了 1200 次。有人讥讽他的失败，他却说："我已经有了很大的成就，证明了 1200 种材料不适合做灯丝。"这不是狡辩。正是有了前面的失败，才有了后面的成功。如果他第一次试验就找到了正确的灯丝材料，那只是幸运。经过百次、千次、万次的试验才取得成功，这才是科学的常态。爱迪生不会问，为什么我都试验一千种材料了还没有成功。他知道，那是在为成功积累经验。如果他中途放弃，只能让前面的努力付诸流水，也就不会有后来伟大的发明了。

很多时候，之所以没有看到回报，一是你的努力还不够，二是已经有了回报你还不知道。从小就养成读书的习惯，也许在中考时没有感觉受益，但在高考时却可能爆发。就算对考试没有帮助，坚持10年、20年、一辈子，也会发现真的腹有诗书气自华，你已经和别人完全不同。

也许你天天坚持锻炼仍然没有变成小蛮腰，但肯定能换来精神焕发，换来意志品质的提升，换来更好的体力和精力，换来工作和生活状态的巨大改变。我们天天努力学习、努力工作，可能不一定考上理想的学校，不一定升职加薪，但我们读过的书会变成我们的知识，我们做过的工作会变成我们的经验，总有一天会派上用场。不要因为没有带来语文成绩的提高而不再看书，不要因为没有减掉体重而不再锻炼，不要因为暂时没有成功而不去努力。

在这个世界上，你的朋友可能辜负你，你的恋人可能辜负你，但你的努力从来都不会辜负你。它会记下你的每一滴汗水，并在前方的某一个地方等着给你回报。

你的命运始终掌握在自己手中

一位亲戚的孩子在大学毕业后几经求职的波折，终于进入有事业编制的单位。这本来是可喜可贺的事情，但他却高兴不起来，因为工作地点是基层农村，远离大城市，离县城都很远。他非常纠结，体制内的工作当然稳定，可是到农村去工作并非他所愿，在他眼里，这份工作简直就是浪费青春。他给我打电话，想征求一下我的意见。我问他："在考编之前，你有自己中意的工作吗？"他回答说没有，找过的所有的工作都有这样或那样的缺点。我又问："如果放弃这个机会，接下来你想去找什么样的工作？"他说："感觉现在新媒体挺火的，我想找一份和新媒体相关的工作。""你知道新媒体都需要什么样的人才吗？你现在有什么特长？“对新媒体不太了解。我现在没有特长，但我可以去学。”下面的话我没有好意思说出口：“如果你真的想做新媒体，上大学的时候就应该准备相关知识了，到找工作了再去学，恐怕没有人会等你。”

从聊天中我慢慢搞明白了，他对自己未来工作和生活的打算，是要城市大一点、工资高一点、休息时间多一点、工作性质轻松自由一点。这样的工作当然有，但他很难找得到。其实，找工作和找对象类似。我们对理想对象的要求，不外乎是长得好看、挣钱多、学历高、性格好。但这样的人，往往看不上我们，因为人家想找的也是长得好看、挣钱多、学历高、性格好的人，而我们恰恰不具备这些条件。

如果我们家穷人丑学历低脾气坏，还天天想把白富美娶回家，那就是做梦。找工作也好，找对象也罢，最根本的还是要看自己的条件，最终找到的结果也只能和自身的条件相匹配。

我们总是说，命运始终掌握在自己手中。有人觉得这是一句空话，实际上，这是一句至理名言。比如那位亲戚的孩子，他大学毕业时参加了研究生考试，可是离录取分数段差了好远。如果他在大学期间努力读书，就可以考上研究生。虽然现在研究生也学历贬值，但研究生毕业后，在农村工作的可能性低多了。同样，此时正是招聘季，他也参加了许多岗位的招聘，无奈凡是地点好、待遇高的单位，都看不上他。只有那家个处于边远农村的事业单位，竞争相对较小，他才勉勉强强考上。所以，他现在的路，正是他自己一步一步走过来的。他的努力，就是他的命运。

最后，我给他的建议是，先干着这份工作，然后抓住一切时间充实自己，学会一技之长，这样不仅容易在本职工作上干出成绩，将来想求职机会也更多。

写过《东风破》《青花瓷》等作品的著名词作者方文山，在去唱片公司之前是一名防盗系统技术员，工作是在尚未完工的工地大楼施工，在墙面钻洞、铺设管路、穿插电线、安装器材，工作性质和建筑工人差不多。但他心中始终怀有自己的梦想，在工地上钻洞打孔的同时，构思创作，写了一百多首歌词。他把这些歌词装订成册，邮给各大唱片公司，但都石沉大海。正当他正心灰意冷的时候，终于有一天他接到了吴宗宪的电话，让他去公司试试。但即使有吴宗宪的青睐，方文山也没有一夜成名。他在公司是零底薪的，需要有人买他的歌词才会有收入，而整整一年，没有任何人买他的歌词。他开始研究别人写词的技巧，不断地学习、尝试，终于发表了人生的第一首歌。

后来，他的名气越来越大，给很多明星都写过歌词，最终成为周杰伦的“御用”词作者。方文山成功了，但他的贵人，不是吴宗宪，而是他自己。正是他的坚持和努力，才把命运牢牢握在了自己的手中，最终实现了梦想。

现在很多大学生毕业后找工作四处碰壁，然后就开始抱怨说，为什么没有用人单位慧眼识珠，给自己提供一份满意的工作。但很多人似乎没有想过，自己到底有什么过人之处，值得用人单位青睐。其实对于很多人来讲，不是工作难找，而是才华配不上自己的梦想。低端的工作他们不想去，高端的工作又做不来，于是天天抱怨和纠结。

年轻人当然应该有梦想，但首先要长本事，让自己的才华与之相称。从本质上讲，求职不是外求，而是内求，当自己强大了，好的工作自然会有。我特别欣赏一句话：年轻人如果需要反省，一定不是在梦想上下功夫，而是要在才华上卧薪尝胆。

命运看起来不可捉摸，但再曲折的命运，也如同手心的掌纹，只要我们握紧双拳，就始终掌握在自己手中。

努力让自己变得强大，才是让自己求职时更有底气的不二法门，才是自己将来在社会上的立身之本。

06

第六辑

生命不只需要长度，更需要宽度

我们不能改变生命的长度，但我们可以改变生命的宽度。只要不断地努力，总有一天你会发现，即使是最平凡的人生，也能够与众不同。

生命不只需要长度，更需要宽度

有一个古老的民间故事，说人在最初的时候也和猴子一样是有尾巴的。但人的尾巴就像树的叶子、花的花瓣一样，在临死的时候会枯萎。每逢此时，人都会备受打击，知道自己快死了，于是天天痛哭流涕，什么也不干。于是，老天爷一生气，就让人类没有了尾巴。

这个故事其实挺有内涵。生命的美丽之处在于，未来有巨大的不确定性。如果一切都早早地知道，那么将会变得索然无味。

相信世上如果真的有一个可以预测未来的水晶球，很多人也不会愿意把未来都预测出来，然后一步一步地照着去走。比如球迷看比赛，要是提前知道了比分，或者整个比赛的细节都完全了解，就完全没有了观看的乐趣。

和同事在一起聊天，大家经常会在一起感慨：又过了一天。每逢年底，大家又要感慨：又老了一岁。可日子，还是那样，只是单调地重复，一天又一天，一年又一年。虽然，这样的生活往往有一个好听名字：稳定。但我仿佛看到，在北方的农村，在冬天向阳的墙根底下，一群老人在那儿晒太阳，日复一日，年复一年，直到走向那个最终的归宿。

我们的生命，不只需要长度，更需要宽度。如果从一天就可以看到我们的一辈子，那样的人生其实是一种悲哀。

如果一部电视连续剧，每集的内容都一样，相信没有一个人会追着天天看。我们的人生，也需要一点点新意。穷也好，富也罢，都是如此。

一位非常优秀的教师，选择了辞去公职。虽然她的领导乃至上级出于惜才的原因，几经挽留，但她仍然义无反顾。因为她发现，在她所在的小地方，只能单调重复地过每天的生活，即使她努力扩展自己的能力，然而，无论如何拼尽全力，都离不开那个 19 平方公里的地方。“你站在那里，一眼看到了你的退休，这世界千变万化，而我就活成了一个标本。”于是，她放弃了旱涝保收的工作，离开了能够给自己安慰的父母，离开了能够给自己稳定收入的家乡，去了更广阔的天地。如今，她仅仅靠运营自媒体的收入，恐怕要比她当年在学校干十几年的工资加在一起都多。她人生的自由度和新鲜度，也远超她曾经的同事。

我的一位朋友，家里很有钱，毫不夸张地说，她家的钱已经多到几辈子都花不完的程度。几位朋友经常私下里感慨，我们还在发愁买不起北京的房子，但人家已经有能力在这个地球任何一个地方买房过日子了。但让我们没想到的是，她却在人到中年的时候，在北京开了一家幼儿园。就算现在办幼儿教育挣钱，但挣的那点钱对她来说也只不过是九牛一毛。而办幼儿教育是有一定的风险和辛劳的，并不像其他方面的投资一样，只是赚与赔那么简单。有人说，她这是放着舒服的日子不过，给自己找累。但看着她每天和孩子们在一起，忙碌而快乐着，我知道，她的人生已经到了普通人难以企及的阶段，我们眼里的劳累与束缚却是她的自由与幸福。

当然，想让自己的人生与众不同，不一定非得离开体制，不一定非得家财万贯。我很崇拜的一位写作方面的前辈，他也是本地政府部门一位不大不小的官员。他以“8小时内努力工作，8小时外努力写作”为座右铭，一直坚持了几十年。在职场，他曾经身居要职，在这座小城里也算得上是风云人物；在文坛，他在全国范围内也有一定的名气，在某个圈子里也算得上大佬；他家庭生活美满，不但夫妻恩爱，孩子也培养得非常优秀，名校毕业后职场一片光明。

这位前辈虽然没有离开体制，但未尝不是人生的赢家。

不管是那位教师，还是我的朋友，或者那位值得敬仰的前辈，他们都是人生的智者。他们是在有限的人生里，不断拓展自己人生的宽度。

让自己的人生更丰富，给自己多创造一些新鲜和惊喜，这是人生的一种境界。
我们也许没有离开自己所在小圈子的勇气与能力，但我们完全可以让自己枯燥而单调的生活更充实、更丰富。
我们不能改变生命的长度，但我们可以改变生命的宽度。只要不断地努力，总有一天你会发现，即使是最卑微的人生，也能够与众不同。

……………………………………………………

孩子，我希望你成才，更希望你平安

一次，我去看上高中的儿子。儿子的学校是封闭式管理，一个月只能放假一天。这短短的一天，我们不能回家，只能就近找个宾馆住下。把儿子接出来之后，要抓紧时间洗澡、吃饭，问问最近一个月的学习生活情况，还没来得及亲热够，一天就过完了。儿子的学习压力还是蛮大的，说到学习，说到最近的考试，儿子淡淡地说了一句话，刺得我们的心里隐隐地痛："我同桌这次又没考好，我看到他躲在被窝里哭了。"

他的同桌我知道，属于特别踏实特别用功的那一类孩子。他的父母从他初中起就给他想办法办户口，找好学校，费尽了心思。他也特别懂事，总是默默地努力，希望用出色的成绩来报答父母。

但生活往往会和你开玩笑，有时候，就算你用尽了洪荒之力，结果可能仍然不尽如人意。

儿子的同桌就是如此，他平时没有浪费过一分钟时间，上课没有错过一次问老师的机会，课后没有应付过一次老师留的作业。但每次考试排名，在那所人才济济的高中，仍然惨不忍睹。那种用尽了全力仍然追不上别人的无奈与无助，那种心有不甘却又不得不接受结果的痛，真的会让人崩溃。一个十几岁的大男孩，远离父母、远离家乡，面对一次次打击，无从发泄，只能偷偷地流泪，还不能让别人看见。想到这样的场景，我的心就像被人抓了一把似的痛。

其实，我知道，儿子说的是同桌，又何尝不是在说自己！因为，他和同桌，性格上属一类人，同样地努力、同样地要强，成绩也处在同一个水平线上。能看得出，儿子的心里一直在憋着一股劲，他不服输，希望自己通过努力能够追上并超过别人。但很多次，儿子的成绩并不理想，拼命学习的结果，仍然是失望。我不知道儿子受到同样的打击时，是不是也像他的同桌一样偷偷哭过，我想一定也有过那样的时候。我甚至能够想象，在某一次放假，某个饭店的一个包间里的桌边，他的同桌也正和父母边吃边聊，也可能和父母淡淡地说一句："我同桌没考好，躲在被窝里哭了……"

说实话，每当听到一些学校的学生因为压力太大而想不开发生意外的新闻，我就特别担心。所以，每次去看孩子，我们做的最重要的一件事情，就是给他的心理减压。

我们会和儿子谈生命的意义：对于这个世界上的80亿人，我们的存在也许微不足道，但对于我们这个三口之家，每一个人都是家人的全部。我们活着的意义，不仅是为了自己，更是为了家人，为了身上那些尚未尽到的责任。

我们会和儿子谈奋斗的目标：我们希望你努力，但并不苛求结果。因为第一名只有一个，每个人的情况也各不相同。只要尽了自己最大的努力，无论什么样的结果我们都能够接受。

甚至，我们会和儿子谈如果轻生，会出现什么样的后果：对于别人来讲，一个生命的逝去只是茶余饭后的谈资，最伤心的是自己的父母，最失败的是自己。只要活着，可能只是暂时比别人差，而一死了之，则是把自己永远定格在了失败的位置。我们会和儿子得出结论，只要生命存在，机会就永远存在，对生命不负责任，才是人生最大的失败。

哪一个家长不是望子成龙、望女成凤？但孩子平平安安，这是最基本的前提，每一位家长都需要对孩子进行生命教育、责任教育。孩子，我希望你成才，更希望你平安。这是我们和儿子说过无数遍的话，我想，这也是天底下所有父母想对自己孩子说的话。

读书会让我们变成一个“富有”的人

这些日子我在和学生们一起读名著，我知道，很多家长也在同步阅读。但说实话，虽然很多书我是第二次甚至第三次读，但读完仍然印象不深，大部分都忘记了。相信学生和家长们也是如此，名著读完了，记住的内容并不多。那么，问题也就随之而来：既然读的书大部分都会忘记，那阅读的意义是什么？

当然，作为学生和家长，难免会继续问一个非常现实的问题：这样的阅读，对孩子们考试做题有帮助吗？对此，我的回答是，有帮助，但短期内帮助不大。现在的考试题目很活，别说看完书会有遗忘，就算拿着书去答题，也不一定能够完全做对。

阅读能力的提高要靠大量的、长期的积累，如果抱着考试拿高分的愿望来读名著，指望读了一两本书就能提高阅读水平，或者看过某本名著就能答对所有相关的题，恐怕会失望。至少，在短期内是如此。

从某种意义上讲，读书正像我们锻炼身体。每天跑一万米，每天做 100 个俯卧撑，坚持一星期，变化不大，坚持一个月，变化也不大，但如果 1 年、5 年、10 年坚持下去，就会发现我们的体质越来越好、身体越来越壮，明显比普通人强一个档次。读书也是如此，你今天读书明天考试，不一定能够拿高分，但你从初一开始坚持阅读，到高三肯定会与众不同。到时候你会发现，自己读得比别人更快，理解得比别人更深，做题的准确率比别人更高。

读书是长期的熏陶和积累，不是一个学段的事情，而是所有学段的事情，坚持阅读，不仅让我们在学生时代受益，更让我们一辈子都会受益。

有一种论调是，在网络大数据时代，阅读和记忆都已经没有用处，因为随手一搜，网络就会给我们答案。这话有一定道理，但忽视了一个最基本的前提，就是如果我们不阅读，根本不知道搜什么关键词！比如，作为一个写作者，我在写文章时经常要用到很多事例和名言。

有一次，一位熟悉的编辑问我，那么多例子都是从哪里得来。我说，都是多年读书的积累，有一个大致的印象，然后再从网上搜索具体的内容。这是经验之谈。如果没有多年阅读的积累，写文章时想不到相应的事例，也不知道去搜什么。对于学生来讲，考试的时候是不让带书带电脑的，就算让带，相信那些博览群书的孩子，搜索的效率也会更高。

有很多长相漂亮的女孩，一张嘴说话就气质全无，而一些人的五官并不那么精致，但相处时却让你觉得特别舒服，这与其文化品位的高低、读书的多少有直接关系。

记得很多年前，在一次饭局上有一位雍容华贵的款姐。席间说起她的工作，我随口说了一句“鸡肋”，大家都微微点头表示同意，只有那位女士满脸茫然，还追问了一句：“鸡肋是什么意思？”她的形象立刻在我们的心目中打了些折扣。

记得在电视连续剧《欢乐颂》里，安迪、奇点、赵医生、曲筱绡四人打牌，安迪对奇点说了一句“亲爱的麦克白夫人”，竟然被曲筱绡理解为“难道魏大哥竟然是小受？”当时赵医生一脸的尴尬。最终，这句话直接导致了赵医生提出牌局散场，也导致了他和曲筱绡的第一次分手。如果说“麦克白夫人”对于很多人来讲还有些深奥，那么在《欢乐颂 2》中，安迪说曲筱绡是22楼的“鲶鱼”，她也不明白是什么意思，就更暴露了她的文化品位。说实话，虽然在剧中曲筱绡和赵医生在一起了，但如果是在现实中，很难让人看好他们的未来。

对于我们每个人来讲，读书是成本最低、回报最高的“投资”。坚持读书，我们迟早会变成一个“富有”的人。

不必追求短时期的效果，把读书的习惯坚持下去，总有一天，你会领略到其中的妙处。

他拥有高飞的翅膀，却甘愿在低处飞翔

一则“男子曾是理科状元考上清华，毕业后当保安”的新闻火了。1991 年，张晓勇以长沙理科第一名的成绩考上了清华大学生物科学与技术专业。2003 年，他来到湖南长沙一小区当保安，现在是某市场物管客户部主任。从清华毕业生到小区保安，巨大的落差仿佛又让我们看到了一个“高分低能”的典型。甚至有人重谈“读书无用论”的老调，说既然考上清华也是当保安，还逼着孩子考清华有什么用！但在了解张晓勇的人生经历之后，发现真相并非我们想像的那样。张晓勇大学毕业时，正赶上国家实行“双轨”制度，国家依然对大学生进行分配，企业、机关也主动来学校招聘。心怀科研梦想的张晓勇

决定去广州一家中外合资的日化企业。但在日化企业做了一年培训生后，张晓勇被分配到了客服部，开始从事与专业不相关的工作。虽然这使得他工作并不开心，但作为外企的白领，他收入不菲。因为，他把父母接到了广州一起生活。一个刚刚毕业的大学生，能够把父母接到广州生活，至少从收入上来讲，恐怕怎么也不能说混得差。但天有不测风云，张晓勇的父亲得了尿毒症，每天需要透析，梦想的破灭和父亲的病重让他决定回长沙，他向公司申请调到湖南分公司工作。两年之后，公司想调他去湖北，他为了照顾父亲，毅然拒绝。然后，他由一个外企白领变成了打工仔，开始了自己的打工生涯，做起了保安。

有人认为，张晓勇的人生选择错了，但张晓勇说了一句话："毕竟父母需要我。"我想，这一句话已经足够。如今，张晓勇的家就在公司附近，上班走路也就几分钟。由于妻子不在本地工作，他一个人上班、下班、买菜、做饭、照顾孩子和生病的父亲，生活忙碌简单且有规律。虽然收入不高，但一家人其乐融融。

正如有评论说的那样，因父亲患病需要照顾而放弃外企白领的高薪，是为孝顺；当保安尽职尽责，是为敬业；照顾一家老小，是为勤劳持家。作为一个儿子、一个父亲、一个职员，他完全是合格的，也许在事业上他暂时失意，但作为“人”，他非但没有失败，相反还做得相当成功。或许有的人因为忙于事业，对家庭的照顾没有那么周全，一心扑在事业上，最后能出人头地是一种成功。但守在父亲的身边加以照料，不惜放弃一生的前途，同样是一种成功，甚至，更令人尊敬。

不是出国或者留在大城市就代表成功，孩子优秀，会让他们的人生有更广阔的舞台，拥有更多的选择权。

优秀的孩子，可以选择出国，可以选择回到国内大城市，也可以选择回到家乡，而不优秀的孩子，可能只有一种选择。

同样是当保安，张晓勇选择放弃外企白领当保安，和找不到其他工作不得不当保安，有着本质的不同。正是清华的学历，让他的人生有了更多的选择机会，可以有底气去过想要的生活。否则，他连放弃的资格都没有。

从世俗的角度来说，即使现在人到中年，张晓勇只要肯接受清华同学的帮助，就能够改变生活。毕竟，清华毕业生的资源，绝非普通学校的毕业生或没有上过大学的人可比。只不过，张晓勇面对同学们的帮助，仍然选择了拒绝。张晓勇的生活确实并不那么轰轰烈烈，但绝对过得踏踏实实。最重要的是，他始终拥有人生的选择权，并把选择的主动权握在自己的手里。而这，正是他当年努力学习考上清华带给他的。做了保安的张晓勇，并没有给清华丢人，也没有辜负父母的培养。只不过，他拥有能够高飞的翅膀，却甘愿选择在低处飞翔。

读书应该成为生活的一部分

在著名作家陈建功回忆母亲的文章中，介绍过自己学生时代的经历。

那时候，他的家境并不宽裕，妹妹吃苹果，他和姐姐只能在旁边等着吃苹果皮；裤子穿短了，总是由妈妈接上一节，“像个少数民族一样”。由于是在一个高干子女云集的学校读书，有时候他心里充满了自卑。比如班上有一个高傲的女同学，穿着一件蓝灯芯绒面的羔羊皮大衣，雍容华贵，使他不敢直视。每当看到这位女生穿的皮大衣，他就会想起妈妈那件从旧货店买来的、由无数块一寸见方的碎皮子拼成的皮袄。自己妈妈穿的衣服，都不如这些女同学啊！他把这些感受写进了日记，被每周都要评点自己日记的妈妈看到了。于是，母子间有了下面的对话：“你怎么这么自卑？你想一想，自己什么都不如人家吗？”“当然不是，我的书读得比他们多，作文也写得比他们好。”妈妈说，她也想过，除了让姐弟俩吃苹果皮、穿补丁衣服使她有点难过，她也不是一个事事都不如人的妈妈。比如，她可以告诉孩子们该读些什么书，怎样写好作文。

陈建功告诉妈妈：“我错了，我不跟他们比这些。”“那你觉得怎么想才是对？”“比读书，比学习。”妈妈笑了，说：“这当然不坏。不过，慢慢你就明白了，读书、学习也不是怄气的事，干吗老想着‘比’？你得学会把读书、学习、思考、创造，都变成生活的一部分。我这话你大概理解不了，以后再说吧！”

真心为陈建功的妈妈点赞！读书不是用来比的，读书、思考和创造应该变成生活的一部分，这一语道出了教育的本质！很多穷人家的孩子，经常用和别人比读书来激励自己。这当然是一种正能量。不过，这样的激励很难回答下面这个问题：我们很可能不但经济条件不如别人，读书学习也不如别人，那我们应该怎么做？

如果钻这样的牛角尖，我们很可能会一蹶不振。而陈建功妈妈的认识显然更高了一层。

每一朵花都有盛开的理由，读书、学习，不是怄气，不一定非得比别人强。在读书和学习的过程中，我们学会思考和创造，变成一个有独立人格、会独立思考的人，这才是学习和教育的真谛！

很多时候，我们的孩子之所以累，之所以过得痛苦，原因就在于永远在和别人比较。因为只要有比较，就会有高有低。而第一名只有一个，成绩好的学生只有很少的一部分，大多数孩子只能在不优秀中感到痛苦。其实教育和读书，只是人生的一种修炼，如果太过于执着，很可能会走火入魔。

像陈妈妈一样告诉孩子，学习不是用来比的，把读书、学习、思考、创造都变成生活的一部分，融为自身的需要，孩子们才能享受到读书和学习的快乐。

幼时的贫穷也是一种财富

朋友圈被一位头顶风霜的孩子的照片刷屏了。照片中的孩子站在教室里，头发和眉毛已经被风霜粘得雪白，脸蛋通红，穿着并不厚实的衣服，身后的同学看着他的“冰花”造型大笑。有网友表示，看着好心疼。经记者核实，“冰花男孩”名叫王福满，是云南昭通鲁甸县新街镇转山包小学三年级的学生。王福满家离学校 4.5 公里，平时都是走路一个多小时来上学。据了解，该小学的教室内尚无取暖设备。对于这条艰辛的上学路，王福满表示：“上学冷，但不辛苦！”说实话，看到“冰花男孩”的照片，我除了感到心疼，还感到一种莫名的亲切。因为，我仿佛看到了自己当年的模样。

在30多年前，每一个冬天的早晨，都有一个头发花白、小手冻得紫红的男孩，步行向几华里之外的镇上去上学。那个男孩就是我。只不过，我在进入校园之前，会特意用手抹一下头发，用自己的体温把冰晶融化成水，然后顶着湿漉漉的头发进入教室。当然，如果哪天忘记了，也会像“冰花男孩”一样引来同学们的哄笑。那时候，很多同学都是如此。就连被冻伤的小手，都和王福满一模一样。还记得，直到我上高中，教室里也还没有暖气，由于衣衫单薄，手冻得肿起老高，我只能保持一个弯曲的角度用来写字。直到晚上钻到被窝里，才渐渐恢复正常，然后第二天又在寒冷中红肿。

我没有给儿子讲过自己过去的事，也不知道从小生在城市，住着楼房坐着轿车，没有经历过吃不饱穿不暖阶段的孩子们，看到“冰花男孩”的照片，心里会怎么想。会不会有孩子像“何不食肉糜”的晋惠帝一样，纳闷“冰花男孩”的家长为什么不开车送他？毕竟，在大大小小的城市，哪怕在稍微发达一点的农村，现在都不会再出现“冰花男孩”。每逢上学的时间，更常见的景象是送孩子的汽车阻塞了道路。即使这样，很多孩子还天天抱怨上学太累、老师留的作业太多、当学生太辛苦。而且，他们还不断地质问老师和家长上学有什么用，说什么就算做了高考状元，将来也只不过是给别人打工。

我真的好想告诉孩子们，你们的父辈当年就是“冰花男孩”。你今天能够坐在暖和的教室里，并不是因为你比“冰花男孩”更特殊，只是因为你生在了一个相对发达的地区，生在了一个相对富裕的家庭。你现在比“冰花男孩”更幸福，只是因为你站在了父辈的肩膀之上。这一切，不是你的功劳，只是你的运气。而你现在抱怨的一切，可能正是你的父辈曾经最美好的愿望，正是现在的“冰花男孩”们梦寐以求的幸福。他们在寒冷的冬天，只有一个愿望，就是手不再冻得红肿伸不直，能够坐在暖暖的教室里读书。哪怕老师留的作业再多，哪怕家长提出的希冀再高。

对于“冰花男孩”，我仍然希望他能够通过努力读书来改变自己的命运。虽然，也许这条路走起来比上学的山路更为艰难。

太多人的亲身经历证明，幼时的贫穷也是一种财富，它能够让我们变得坚韧不拔，也能够让我们更懂得人生。

真心希望，“冰花男孩”长大后能够实现自己的理想，他的孩子将来也不需要再头顶冰花。有朝一日，纵然外面天寒地冻，屋内却温暖如春，他懒懒地靠在沙发上，给孩子讲自己当年一头雪白的故事。更希望现在千千万万个已经拥有了这样生活的孩子，能够珍惜眼前的幸福。想想照片上那满头的冰花，曾经在你的父辈头上，也正在很多同龄人的头上，你还有什么理由再抱怨上学的苦？

每个人都在奔跑，凭什么你一定领先

一位高三学生的家长，向我表达了他的焦虑：“我的孩子非常努力，结果成绩不但没有进步，反而还出现了下滑。孩子曾经抱着头哭泣着说，我难道不想考个好成绩吗？……”

家长的那种无助感，溢于言表。说实话，作为一个曾经的高三学生家长，这样的经历我也有过。整整高中 3 年，儿子虽然一直很努力，但他的成绩总是不太理想。儿子曾不止一次地问我：“我是不是很笨？为什么我拼尽了全力，还是考不过别人？为什么这次我感觉自己准备得特别充分，结果成绩还退步了？”每逢此时，我都会耐心地给他解释：“全班不是只有你一个人在努力，而是所有同学都在努力。”

我们都看过长跑比赛，每个运动员其实都拼尽了全力在奔跑，但总会有人排在前面，有人跟在后面，甚至有人会被落下很远。从来没有人说努力了就一定会成功，努力是成功的必要条件，但绝对不是充分条件。一样是天天起早贪黑，一样是冬练三九夏练三伏，有人最后站在了最高的领奖台上，有人则始终默默无闻。其实学习也是如此，你可能用了足够多的时间，想了足够多的方法，流了足够多的汗水，结果还是不尽如人意。这本是人生的常态。

正如奥林匹克精神不是“永夺第一”，而是“更快、更高、更强、更团结”一样，我们努力的目标，不是第一名，而是不断超越自己。比如亚洲的运动员在百米短跑比赛中，能够站到决赛的跑道上，或者能够进入10秒大关，就是很大的突破。同样，作为学生来讲，我们各方面的条件也许不是最好的，只要我们努力发挥出了自己最高的水平，就是成功。学习也好，人生其他方面也罢，我们并不是在和别人比较，而是在和自己比较，我们追求的应该是自己的“更快、更高、更强”，而不是排名多么领先。从这一点上讲，很多时候我们不是没有成功，而是我们的成功观错了。

儿子有一位高中同学，学习特别努力，几乎每天都是第一个到教室，最后一个离开。但他在班里的排名总是中等偏下，一次次的考试，一次次从希望变成失望。不止一次听儿子和我说起，同学曾在某次考试失利之后，躲在被窝里偷偷地哭。但哭过之后怎么办？擦干眼泪接着去学。因为在他哭的时候，别的同学仍然在教室里看书、做题。哭解决不了任何问题，只会让自己被人落下更多。那个孩子最后考上了一所全国排名前十的高校，虽然没考上清华北大，但我觉得，他的高中 3 年是成功的。也许有的孩子尽了最大的努力才勉强考过本科线，但只要自己已经做到了最好，就不必遗憾。

大家都在努力奔跑，不是你拼尽了全力就肯定领先别人，最后站在最高的领奖台上。对于学习压力巨大的孩子们来讲，调整好心态，不执着于成绩，只管耕耘，不问收获，以最好的状态复习，以最好的状态考试，这已经足够。

有时候，过于关注成绩和排名，反倒很可能发挥不出应有的水平。你只管努力，余下的交给命运，成功我幸，失败也无悔。

这是我送给所有孩子现在以及将来的忠告。

你读的是书，看的是世界

在这个浮躁的时代，能静下来捧一本书读的人越来越少了。但读书的价值，不因为读书的人变少而改变。让孩子从小养成阅读的习惯，是他们一生都受用不尽的财富。

阅读给孩子带来的最直接的好处，恐怕就是提高语文成绩了。很多家长和学生都非常苦恼，语文究竟应该怎样学？有人不惜花重金请老师来补课，但效果却总是不能让人满意。其实，学好语文最重要的一点，就是需要足够的阅读量做基础。说实话，就算课本上那几篇课文被老师讲得天花乱坠，对学生的作用也不大。

多读书，积累多了，你慢慢就会发现，原来不需要语文老师补课，甚至不需要看课本，你的语文成绩就已经遥遥领先。

读书的另一个好处，是可以提升个人品位。古人说“腹有诗书气自华”，是有一定的道理的。读得书多，你的谈吐举止自然与众不同。在与他人进一步的交往中，这种优势会越发显露出来。

读书还可以增加人生阅历。“秀才不出门，便知天下事”，为什么能知道？因为读书。书籍是前辈留给我们的经验，是浓缩了的人生精华，是代代相传的宝贵遗产，是可以共享的精神财富。我们不可能经历所有的事，不可能亲身体验所有的常识，但通过读书，我们可以知道没有经历过的事，可以体验没有体验过的常识。人类的进步，也正在于此。

当然，读书也是有技巧的。读书分为精读和泛读。世界上的书太多，即使走马观花，我们看到的也只不过是沧海一粟。而吾生也有涯，如果所有的书都精读，只会让自己的阅读量变小。比如诸葛亮读书，就“观其大略”，和“务于精纯”的朋友们不同。陶渊明在《五柳先生传》中则自况云：“好读书，不求甚解。”泛读可以增加阅读的广度，亦是对一本书要不要精读的一种检视和判断，这是阅读的基础。所谓精读，应该是建立在泛读基础上的精读，而不是每本书都要精读。个人以为，对于普通读者而言，很多时候精读的必要性不大，大部分书泛读即可。

除了读，还需要记。所谓“好记性不如烂笔头”，不管是精读还是泛读，做读书笔记都是非常好的习惯。我们看书时经常会对一些句子或一些情节深有感触，当时觉得肯定能够记住一辈子。没想到时间久了，却一点印象都没有，书好像都白读了。及时做读书笔记，既可以加深记忆，又可以留下文字材料供以后查找，可以让阅读事半功倍。而在泛读时做笔记，也可理解为这是对重点部分的精读，同样可以感受书中的真谛。读书不求甚解的陶渊明，读书时也是“每有会意，便欣然忘食”，并不是囫囵吞枣，一带而过。我们读书时“每有会意，便摘抄下来”，亦为妙法。做读书笔记的好处，已经为太多的人所证实。吴晗就说：“要想做学问，就要多读、多抄、多写。除此之外，没有什么秘诀。”

著名数学家王梓坤院士，曾在《科学发现纵横谈》一书中写道：“读书应做有心人，要善于平时逐渐搜集对日后有用资料，把它们写成日记。”他在积累资料中，经常把一些金句、精彩段落摘录下来，并且经常随身带着笔记本，一有空闲，就翻阅笔记本上记录的资料，进行思考。

俄国著名作家果戈里，在上学时期有一本超厚的大笔记本，内容包罗万象，有名作家的思想言论，有史地知识，有他自己的作文，有俄罗斯及乌克兰的风土人情。可以说，想要有伟大的成就，就要多注重平时的点滴积累，许多伟大文学作品的创作过程，都离不开读书笔记的帮忙。

放下手机心中失落，拿起手机却又不知道想干些什么，这已经成了现代人的通病。越来越丰富的电子产品，反而让我们的生活变得更单调。捧一本好书，伴随着书中的情节徜徉其中，那是一种人生的享受。养成读书的习惯，能够让我们的人生更加充实，活得更加有滋有味。

也许我们不能给孩子留下家财万贯，但我们能培养孩子读书的好习惯，也许我们的收入不能日进斗金，但我们可以在精神层面每天都收获满满。

如果你想让自己的人生更富有、更充实、更有品位，那么，读书吧！总有一天，你会领略到其中的妙处。

07
第七辑

人生可以轮回，
但你不能苟且

只有你不顾一切找到了那片海，才不枉来这人世间一回。经历了惊涛骇浪、荣辱成败，真正尝到了酸甜苦辣，才有资格和别人淡淡地说一句：人生，不过如此。

没有经历过霍金的苦难，但应该像他一样坚强

2018 年 3 月 14 日凌晨，英国著名物理学家史蒂芬·霍金去世。这一天，即使是身在万里之遥的另一个国度的人，手机也被他的名字刷屏。虽然我们对他的事迹耳熟能详，但仍然愿意一次又一次重温。但在众多的励志偶像当中，霍金是苦难最深最重的一个。

霍金在 21 岁时患上了肌肉萎缩性侧索硬化症（卢伽雷氏症），全身瘫痪，只有三根手指可以活动。“一个 21 岁的剑桥硕士，突然不会系鞋带了。医生说，你只能再活两年。”这对于一个人生刚刚开始的年轻人来讲是多么残酷。但霍金并没有屈服，他用那三根手指敲击键盘，证明了广义相对论的奇性定

理和黑洞面积定理，提出了黑洞蒸发理论和无边界的霍金宇宙模型，在统一20世纪物理学的两大基础理论——爱因斯坦创立的相对论和普朗克创立的量子力学理论——方面走出了重要一步。随着病情越来越重，霍金的手指也越来越无力，他只能靠面部肌肉活动打字和外界进行沟通，到后来，只能靠右眼的肌肉移动特制眼镜的按钮，操作发声器“讲话”。

“眼皮一直睁不开的状态，他的围巾下面全是针眼，每天都需要注射多次针剂，以维持眼睛下面仅有的一小块活跃肌肉活跃。就连这仅有的一小块肌肉，也在慢慢萎缩。”一位采访过霍金的摄像师这样描述。但霍金展现在世人面前的，不是一个连最后一小块肌肉都正在萎缩的病人的形象。他仍然思考着宇宙的奥秘，关心着地球的未来，是一位有着远见卓识的学者。

在网上，我们不断看到霍金对人类命运的思考。甚至，他还体验太空旅行，在电视剧和电影中客串角色，开通了新浪微博，他冷静、睿智又不乏幽默，有时候又天真得像个孩子。一个50多年生活在轮椅上、肌肉都已经萎缩的人，竟然活得如此丰富多彩！

“在我21岁时，我的期望值变成了零。自那以后，一切都变成了额外津贴。”霍金的这番话，让人想起了前些日子那篇被称为“最强逻辑”的小学生作文：“……如果将我死去的那一刻定义为我拥有了自己的全部时间，那么，我一直都未曾失去过时间，而是一直在获取时间。”霍金一直都在获取时间，他在与命运的抗争中，获得了胜利。

据说，霍金在一次演讲结束后，一位女记者冲到演讲台前问：“病魔已将你永远固定在轮椅上，你不认为命运让你失去太多了吗？”霍金的脸上充满了笑意，用他还能动的三根手指，艰难地叩击键盘，显示屏上出现了四行字：

我的手指还能活动；

我的大脑还能思考；

我有终生追求的理想；

我有爱我和我爱的亲人和朋友。

在回答完那个记者的提问后，他又艰难地打出了第五句话：“对了，我还有一颗感恩的心！”现场顿时爆发出了雷鸣般的掌声！

正如霍金的孩子在霍金的去世声明中说的那样，“他是一位伟大的科学家，也是一位非凡的人，他的工作和成就将会留存多年。他的勇敢和坚韧、他的才华和幽默激励了全世界的人们”。霍金带给我们的，不仅有高深的宇宙理论，还有人生的基本道理；他不仅告诉了我们宇宙的本源，也告诉了我们生活的本真；他教会了我们如何了解黑洞，也教会了我们如何面对生活。

人生太苦，人生太长，我们每个人都可能遇到这样或那样的困难。但跟霍金相比，我们遇到的那些人生的坎坷又算得了什么呢。所以，当我们遭遇到不幸的时候，不要自怨自艾问“为什么是我”，因为那于事无补。我们应该勇敢和坚强地去面对，扼住命运的喉咙。

“人类的努力应该是没有边界的，我们千差万别，不管生活上多么糟糕，总有你能够做的事情，并且能够成功，有生命的地方就有希望。”这就是霍金的人生态度。

有人说，真正的勇敢，是知道了生活的真相之后，仍然热爱生活。这一点，霍金做到了，我们每个人也都应该做到。

我们没有经历过霍金的苦难，但我们应该像他一样坚强。

人生可以轮回，但你不能苟且

一个富翁在海滨度假，见到一个渔夫在海边垂钓，就关切地说："你这样怎能赚到大钱？如果我是你，就会想办法买一艘渔船，这样会捕到更多鱼，赚更多钱。""然后呢？""然后我会把赚到的钱再去投资。""然后呢？"渔夫继续问。"比如开工厂。然后我再去投资，赚更多的钱，我就可以成为更大的富翁。""你有那么多钱以后干什么？""然后你就可以像我一样到海滨度假，晒晒太阳、钓钓鱼，享受生活了。""那么，你看我现在不正在享受这样的生活吗？"

这个故事想告诉我们，人生不必追求太多，我们需要的幸福，往往就是一开始就拥有的简简单单的生活。确实，有时候人生只是一个轮回。就算渔夫辛苦奋斗一生，成了亿万富翁，最终想要的快乐，也许只是在海边晒晒太阳、钓钓鱼。他的人生转了一个大圈，最后却回到了原点。不过，转一圈回来，和从未转过圈，其实有着本质的不同。

比如释迦牟尼，因为是王子，荣华富贵、金钱女人、权力地位，在拥有过这一切后，他看淡人生，看破红尘，出家修道这叫超脱，也绝对会有定力。但如果有人因为找不到对象而心灰意冷，于是也剃了头发到庙里修行，一遇到美女抛媚眼肯定就会把持不住。所谓“参禅前，看山是山，看水是水；参禅时，看山不是山，看水不是水；参禅后，看山仍是山，看水仍是水。”虽然山还是山，水还是水，但前后境界已经有了质变。

因此，富翁最幸福的生活，也许就是渔夫平常的日子，但渔夫绝对体验不到富翁幸福的生活。富翁在海边钓鱼，是在享受人生，渔夫在海边钓鱼，是在为生计劳作。钓鱼的富翁会得到更多休闲惬意的时光，钓鱼的渔夫可能买盒烟还得向老婆要钱。如果没有富翁的经历而谈富翁的无趣，根本就没有说服力。

生活不只眼前的苟且，还有诗和远方的田野。如果你没有写过诗，没有看到过远方的田野，那么，你就不能武断地说现在的苟且就是你最喜欢的生活。

有一幅特别有意思的漫画，将人从生到死画了一个轮回：以号啕啼哭开始，从匍匐爬行到弯腰学步，到昂首阔步再到弯腰拄拐，最终回归床上撒手人寰。这简直就是一个轮回，但如果你觉得反正过一辈子还得回去，干脆从一出生就趴在床上不起来，那叫悲哀。因为，没有拼搏过的人生是无意义的，没有站立过的人生是不完整的。

人生可以轮回，但你不能苟且。只有你不顾一切找到了那片海，才不枉来这人世间一回。经历了惊涛骇浪、荣辱成败，真正尝到了酸甜苦辣，才有资格和别人淡淡地说一句：人生，不过如此。

学霸可以励志却不能模仿

看了一位博士的文章，深有感触。文章里说，家属院里有个孩子考上了清华，孩子上学后妈妈觉着没事干，就开了一个补习班。因为她把孩子培养进了清华，很多家长都愿意把孩子送去，博士的老婆也征求他的意见，他坚决反对。他说："这孩子的爸爸是我同事，孩子我也接触过，那是天赋异禀的聪明，短短几句话交流，就能感受到他超常的天分。他妈妈并没有什么本事，其教育理念也都是大路货，对孩子的教育只是顺水推舟，并没有起到多大作用。我把这个道理给老婆讲了，她非常服气，因为她清楚我们孩子资质平庸，确实不是上清华的料，那个妈妈对我们的孩子不会有多大帮助。"

这位博士实在是一个明白人，他的妻子也蛮通情理。某个孩子考上了清华北大，他的学习方法就被人奉为圭臬，他家长的教育经验就有人开始效仿，这是一种非常常见的现象。

学霸的学习经验，就像寿星的长寿秘诀，一个人一个样，各不相同。比如我有一位远房爷爷，老人家活了 102 岁。记得他 99 岁那年，我去看望他，还是烟照抽、酒照喝。如果你问他长寿的秘诀，他肯定会告诉你该吃吃，该喝喝，该抽抽。但要是我们遵照执行，有样学样，可能过不了几年人就废了。同样，学霸的学习经验也是如此，每个人的特点不同，表现可能各异。有的学霸喜欢早睡早起，有的学霸喜欢挑灯夜战，有的学霸喜欢劳逸结合，有的学霸崇尚争分夺秒，不是你学了一定就适合。

唐朝有个叫王勃的“学霸”，写诗前先把墨磨好，然后开始拿壶往嘴里灌酒，大醉方休。然后躺床上蒙着被子睡觉，醒后直奔砚台，挥笔直书一气呵成，连一个字都不用改。据说他的传世名篇《送杜少府之任蜀州》，便是这样得来的。但如果我们也有样学样，喝二斤老白干然后往被窝里一钻，恐怕除了吐得满床都是，一首诗也做不出来。同样是作诗，如果你问贾岛，他会告诉你要坐在驴背上仔细推敲。如果卢延让来介绍经验，则肯定是“吟安一个字，捻断数茎须”。

每个人的学习方式、方法，包括思维、逻辑习惯都是不一样的。学霸之所以成为学霸，是因为人家根据自己的特点，总结出了一套适合自己的学习方法，形成了适合自己的学习习惯。在学校里，同一拨老师，教同一个班，采用同样的标准，有的学生考上清华北大，有的学生却连本科都考不上，这就很说明问题。不是老师的教学方法有什么差别，而是学生个体存在差异。说句抬杠的话，谁家孩子考上清华北大了，把咱家的孩子送他家去让他带，也考不上清华北大，更不用说只是听他讲几节课了。就算我们的孩子有当学霸的潜质，那样做也可能被耽误了，因为他自以为是的经验，不一定适合我们的孩子。要想当学霸，还得靠自己摸索，找出适合自己的路子。

如果我们认真研究学霸的所谓经验，就会发现基本可以分为两部分，一部分是共性的、通用的学习方法，这其实并非学霸所独有；另一部分是学霸个性的特点，其他人根本学不来。总的来说，学霸的成功只有一条路，就是聪明加勤奋，不存在任何捷径和不传之秘。所以，学霸的故事可以用来励志，但不可以用来模仿，学霸的经验可以借鉴，但不可以迷信。如果我们盲目相信并照搬学霸的所谓经验，很可能会误入歧途。

个子不高就让自己跑得更快

霍尔姆是瑞典著名的跳高运动员，他拥有四届室内田径锦标赛跳高冠军的头衔，并在 2004 年雅典奥运会上战胜了许多世界名将，获得冠军。其实从身体条件上讲，霍尔姆并不适合跳高。因为他的身高只有 1.81 米，而世界级跳高运动员的平均身高为 1.94 米。比如我国的著名跳高运动员朱建华的身高是 1.93 米，“跳高之王”、世界纪录保持者索托马约尔的身高是 1.94 米。在“高”手如林的跳高运动员当中，霍尔姆比对手矮半头，是名副其实的“小个子”。现代的跳高运动，技术动作已经日臻完美，在同等条件下，个子高一些无疑占有较大优势，十几厘米的身高差距足以决定一场比赛的胜负。霍尔姆是如何取得胜利的呢？研究人员发现，霍尔姆取胜的秘诀就是他的速度。为了弥补身高的不足，霍尔姆的助跑速度比其他选手更快，这使他获得了更大的上升力量。凭借这一特点，霍尔姆在高个子占绝对优势的跳高比赛中，站上了最高的领奖台。

在《越战越勇》节目中，邓亚萍回忆了自己当年的运动员之路。由于个子矮小，少年邓亚萍被教练以没有运动前途为由拒之门外。怎么办？身高的劣势不能改变，她只能从别的角度想办法。最后，她和父亲决定，以“快”和“狠”制胜。为了训练快速的步法，她穿上 30 斤重的沙衣，一天到晚进行训练，以至于当脱下沙衣之后，感觉整个人要飞起来一般。就这样，邓亚萍逐渐形成了自己的风格，最终如愿进入国家队，取得了举世瞩目的成绩。

人类历史上迄今获得奥运金牌最多的选手菲尔普斯，其实是严重的注意力缺陷多动障碍症患者，需要终身服药。他小时候，甚至无论如何也无法专心做一件事，还因为口齿不清被别的同学嘲笑而自卑不已。他的母亲为了帮助他克服病症，让他去练习游泳。最初，菲尔普斯非常抗拒下水，在母亲与教练逐渐的引导下，他渐渐喜欢上了游泳。随后，他数十年如一日地刻苦训练，甚至在 7 年中只有 5 天没有下水。最终，在奥运赛场上被欢呼喝彩包围时，他也能够专注比赛而不受外界环境的影响。

并不具备先天优势的霍尔姆、邓亚萍以及菲尔普斯的成功，也许可以给我们更多的启示。

在人生当中，很多事情也许我们无法改变。比如家庭背景，比如外貌长相，比如各种天赋。但你只要在别的方面付出更多的努力，就可以弥补那些无法改变的不足。

不聪明，可以更勤奋；不富裕，可以更节俭；不漂亮，可以更温柔……只要付出努力，差距就会越来越小，甚至最后华丽转身，完成超越。每个人都有自己的短处，也都有自己的长处。不妄自菲薄，正视自己的短处，发挥自己的长处，你就会在人生的竞技场上占有一席之地。

你的失去，才让你有资格与别人讨论差距

国庆节放假，去北京接儿子。在回家的车上，谈及一个多月的大学生活，儿子感叹道：“我发现，咱们这些高考大省的学生，和其他省市的学生在综合实力方面的差距还是挺大的。比如说，其他学生在课外活动、社会实践上做得多很多，人际交往能力和思维的活跃度也比我们更好。这些年，其实我也少了很多锻炼自己的机会，失去了很多东西。”我淡淡地说了一句：“正是有了你的失去，才让你有资格与别人讨论差距。如果你不失去，你不会考上现在这所大学，你也遇不到这些同学。”这话其实并非我的“原创”。因为，在网上早就流行有一篇《我奋斗了 18 年，才和你坐在一起喝咖啡》，说的就是

这种差距。身为河北考生，儿子当年在40万人当中考到了前几百名，才进入目前这所学校。而他的外省同学，有的排名两三千名就可以。但这样的地域差别，单凭我们个人和家庭的力量无法改变。我们能改变的只有自己。

如果我们就像一只青蛙，不幸生在了井里，那我们只有两个选择，一个是在别人享受春光的时候努力往上爬，另一个是一辈子只能看到巴掌大的天空。道理就是这么简单。

在这个社会里，没有完全意义上的公平。而且，从很大程度上讲，考上大学，也只是一个开始。今后，我们还会发现更多的不公。比如，不同户口就业的不公，家庭背景不同带来的不公等。这一切，我们都需要接受。

我们的先天不足，只能通过后天的努力去弥补。不想弥补，不去努力，只会让差距越来越大，最终变成一条鸿沟，难以逾越。也许我们没有太多的先天优势，但我们在弥补自己劣势的同时，也让自己的人生更加丰富，这何尝不是一种幸运。

命运是公平的，我们失去了很多，我们也收获了很多。

人生，永远在路上。我们会不断失去与得到、选择与放弃。或许我们先天不足，但这并不能阻挡我们追求更高更远的目标的心。
我们要做的，只能是努力，在努力的过程中
发现并享受人生的美好。

没有计划的努力就是瞎忙

儿子上高中的时候，有一段时间特别努力。在号称要“跑着去吃饭”“跑着去上厕所”的衡水中学，他居然经常能做到最后一个离开教室，第一个回到教室。老师每天要在班群里对学生的到位情况进行通报，每个时间节点谁到得最早、谁到得最晚，我们家长是清楚的。儿子的名字经常出现在最早的名单里，没有一次最晚。这时间可算抓得够紧。按理说，他肯定是出了名的学霸。但遗憾的是，虽然他用尽了洪荒之力，成绩却越来越糟。

是不是儿子脑子太笨呢？应该不是。作为经过千挑百选而进入衡水中学的外地优质生源，最起码的智商肯定能够保障。

那么，为什么他努力到了极点，成绩反而上不去？我们也是满腹疑问。趁开家长会的机会，我向班主任老师咨询。老师回答得特别直接："他计划性较差，不知道自己该干些什么。他虽然每天离开教室比较晚，但在离开之前，已经开始有些心不在焉，虽然经常第一个到位，但等到位晚的同学已经开始做题了，他可能还在那翻卷子。"终于找到了原因，原来是计划性差。

什么是计划性？就是对要做的事情进行规划，并按规划执行的能力。和儿子交流，他也认识到了问题。他说："我明白了，我同桌一开始英语阅读比较差，但很快就赶上来了。我知道他的方法，就是利用下课 10 分钟。"衡水中学的时间安排虽紧，但在管理上还是很有特色的，老师从不压堂，课下 10 分钟还是归学生的。而儿子的同桌，在那段时间把所有的课下 10 分钟时间都给了英语阅读，坚持每个课间做一个阅读理解。结果，成绩明显上升。

有针对性地做出规划，并坚持去执行，就会收到良好的效果。在家自学不如在学校的效率高，原因也在这里。因为在学校里，往往是老师帮助做好了计划，这节课干什么、下节课干什么，学生跟着走就行。而在家里，很多孩子都不会自己做计划，于是，经常貌似很认真，其实效率并不高。不信我们可以想想，谁做寒假作业能够达到平时考试的速度？是不是经常有看了半天书，却始终停留在那几页的情况？

学霸与普通学生的差别也在这里。对于学霸来讲，在校和在家是一个样的，课上和课下是一个样的，他们都订了计划，并严格执行。这就是大家智力水平差不多，成绩却有明显差异的原因。没有计划的努力，很多时候只是瞎忙，只不过是给自己找心理安慰而已。这话说得可能有些残忍，但是实情。

不管是在家还是在学校，我们都应该对自己要做的事情做好计划，养成规划时间的习惯。有计划地去学习，才是最有效率的学习。

良好的习惯养成之后，对于以后的工作和生活，也是有百利而无一害的。

挫折是弱者的绊脚石，是强者的垫脚石

许多年前，有一位年轻人初中毕业后，因为交不起学费而失学，只能在家里帮忙照看杂货铺。屋漏偏逢连阴雨，几年后，他又因为染上了伤寒，病势严重，在床上一躺就是半年。病好之后，他的左腿落下了终身残疾，走路时要左腿画一个大圈儿，右腿才能往前迈一小步。这样的人生开端，可谓糟糕透顶。

但这个年轻人却不以为意，他在艰难的条件下，每天都早起晚睡，利用别人休息的零碎时间，在杂货铺的暗室里研究他心爱的数学。他利用 5 年时间，自学完了高中和大学低年级的全部数学课程，后来他在上海的《科学》杂志上发表了论文《苏家驹之代数的五次方程式解法不能成立之理由》，轰动了数

学界。他也因此被清华大学数学系主任熊庆来发现，打破常规进入清华大学学习。进入清华大学的他并没有停下脚步，而是更加努力。他先是担任图书馆的馆员，后来又成为数学系的助教，期间自学了英文、法文、德文和日文，并发表了多篇高质量的学术论文，终成一代数学大家。

后来我们都知道了，他的名字叫华罗庚，是我国乃至全世界最著名的数学家之一。

在网上，有一份特别的“简历”，主人的经历堪称坎坷：

9 岁，母亲去世。

22 岁，经商失败。

23 岁，竞选州议员，落选。

同年，工作丢了。想就读法学院，但未获入学资格。

24 岁，向朋友借钱经商。

同年年底，再次破产。接下来，他花了 16 年时间才把债还清。

25 岁，再次竞选州议员，当选。

26 岁，订婚后即将结婚时，未婚妻死了。

27 岁，精神完全崩溃，卧病在床 6 个月。

29 岁，争取成为州议员的发言人，没有成功。

31 岁，争取成为选举人，落选了。

34 岁，参加国会大选，又落选了。

37 岁，再次参加国会大选，当选。前往华盛顿特区，表现可圈可点。

39 岁，寻求国会议员连任，失败。

40 岁，想在自己州内担任土地局长的工作，遭到拒绝。

45 岁，竞选美国参议员，落选。

47 岁，在共和党内争取副总统的提名，得票不足 100 张。

51 岁，当选美国总统。

这份“简历”的主人是亚伯拉罕·林肯，美国最伟大的总统之一。

曾国藩曾著有《挺经》，其“挺”字固然另有深意，但也未尝没有遇到挫折咬牙坚持的意思。曾国藩是以在籍侍郎的身份出来带兵的，无实权，无地盘，无粮饷，和地方官员屡屡发生冲突，处处艰难。而偏偏他与太平军作战又屡战屡败，可谓雪上加霜。但他始终咬牙坚持，他曾在给九弟曾国荃的信中说："困心横虑，正是磨砺英雄，玉汝于成。李申夫尝谓于怄气从不说出，一味忍耐，徐图自强。因引谚曰：'好汉打脱牙，和血吞'。此二语正是余平生咬牙坚挺之诀。余初为京师权责所唾骂，继为长沙所唾骂，再为江西所唾骂，以至岳州之败、靖港之败、湖口之败，盖打脱牙齿多矣，无一不和血吞之。"曾国藩曾自撰一联曰："养活一团春意思，撑起两根穷骨头"。其中亦有坚持之意。正是这种坚韧的性格，使他在充满艰险的环境之中闯出了一片天地，最终成为一代名臣。

没有人从未经历过挫折，每一个成功的背后，都有着不为人知的辛酸。正如马云所言："阿里巴巴是家幸运的公司，但我们犯过的错误、经历的挫折和付出的努力肯定超过大家的想象，所有成功企业背后都是一大堆眼泪。"无数次失败才可能带来一次成功，因此必须有忍受失败的能力。这是马云的经验。

巴尔扎克说得好："挫折就像一块石头，对于弱者来说是绊脚石，让你却步不前，而对强者来说是垫脚石，使你站得更高。"人生的路上不可能没有石头，是摔得鼻青脸肿之后失去斗志，还是踩在脚下继续前行，关键看我们如何对待。有人一遇到挫折就会抱怨"为什么我这么倒霉"，其实，最倒霉的那个人永远不是你，没有什么可以抱怨的。更重要的是，抱怨没用。面对挫折，要么俯首称臣，要么勇敢面对，而只有坚持，才可能赢得机会。

虽然心碎，但依然满腔热情；虽然痛苦，但依然镇定自若；虽然崩溃，但依然信心十足。因为我坚信，对付屡战屡败的最好办法，就是屡败屡战，永不放弃。

林肯的话，可以作为我们每个人的座右铭。

人生的选择，没有对错，只有适合

有朋友在微信上和我交流：你认为孩子们努力上好大学，拼命考研，努力的意义何在？在我身边，有一个读普通大学的孩子、一个读专科的孩子，都在省城找到了不错的工作。而我让孩子拼命考研后一切还是个未知数，如何解释这种现象呢？我内心里还是认为学历越高越好，可是学历越高越感觉前途未卜，看着那些低学历的孩子都工作了，心里很迷茫。

我回答说：其实任何选择，都意味着得到和失去。而且，既然是选择，肯定就没有明显的正确与错误，否则也不能称之为选择。如果学习的目的仅仅是就业，那么，有好的就业机会就不去读研，这是很正确的，事实上绝大多数人都在这么做。

这无可厚非。所以，看每个人对努力和学习的定位是什么。每个人的具体情况不同，选择自然不同。其实对于普通家庭的孩子来讲，把就业放在第一位并没有错。毕竟先生存再发展，一味追求太高大上的东西不见得符合实际。很多事，都是根据自己实际情况决定的，没有哪个观点是绝对正确的。

结束聊天，我觉得意犹未尽，还想再说几句。

有句话叫“甲之熊掌，乙之砒霜”，同样一则鸡汤，对一些人来讲，可能会激发斗志，成为前进路上的精神支柱，对另一些来讲，却可能使人生误入歧途，成为害人的毒药。比如我们总是强调要努力学习，要取得高学历，从整体上讲，这是对的。但到了每一个个体身上，却不一定适合。人生的选择要建立在个人的意志力和承受能力、家庭的支持度以及经济的可承受度等诸多因素之上。正如小马过河的故事讲的那样，如果不顾及自身情况，老牛是轻轻松松过河了，但松鼠就可能会淹死在里面。

最近看李尚龙的书，大概知道了一点他的成长历程。

作为“90后”，他几乎用亲身实践见证了“年轻，是用来折腾的”这一誓言。他从军校选择退学，加入新东方当老师，后来又考入北影进修班，当导演、成立工作室、出书，一路折腾，一路走红。而他在军校最好的朋友，虽然几经他邀请，却都没有出来和他一起打拼。当有一次他问朋友“你明明在里面待着不开心，为什么还要继续这样”时，朋友终于说了实话：“你不懂，因为我背负的压力太大。我们家是农村的，父亲要我必须读军校，我没有选择。”

不知道李尚龙是不是懂他的朋友，但我觉得我懂。作为农村娃，我几乎有过和他朋友同样的经历。在大学毕业参加工作以后，曾经有不止一位朋友希望我能够走出去，离开所谓的体制，放弃所谓的稳定，趁年轻到外面闯一闯。我坦承，我对现在的生活当然不满意，但父母拼尽全力供我上学，就是为了让我有一份稳定的工作。我保持现在的工作，就能保持自己和父母最基本的生活。而出去闯荡一旦失败了，我将没有能力照顾父母。

我输不起，即使是赌博，也是需要本钱的，如果一无所有还要去赌，很可能别人输的是钱，而自己输的是命。

比如李尚龙，他的父母都是军人，虽然家里不算富裕，至少父母的生活不用他操心，还能给他一定的帮助。虽然最后李尚龙没有用父母的钱，但至少他比他的朋友少了后顾之忧，就算创业失败，也不会伤及父母，而且，父母永远是他的大后方。但他的朋友，身上背负的东西太多，不敢迈出那一步，确实有情可原，甚至可以说更加正确。因为他承担不起失败的后果，退无可退，失败了，不但会搭上自己的前途，也会搭上父母的一切。对于这些人来讲，奋斗是一种奢侈品，他们不敢放开手脚。

再回到刚开始的问题，到底是考研还是就业，要根据自己的实际情况来判断。诚然，多读书确实能得到更宽的眼界、更广的视野，但读书多少和收入多少、就业好坏并不一定成正相关。如果家里在经济上没有压力，而且自己也喜欢读书，我建议可以一直读下去。如果自己急等着挣钱养家，或者已经感觉读书是一种痛苦，那么有好的机会赶紧就业，否则未来不一定是什么样子。

记住，别人不能替你选择人生。能做出准确判断的人，只有你自己，能做出最后决定的人，也只有你自己。适合自己的选择，就是最正确的选择。

后记

在网上，有千万家长和学生读过我的文章。网络的快捷与方便，可以让相隔千万里的陌生人成为朋友，无障碍交流。一些家长在后台给我留言，加我微信好友，向我提出这样或那样的教育问题。我每次都会悉心回答，认真地和他们探讨。

更让我感动的是，在我的读者当中不但有家长，还有很多学生，大学生、高中生，甚至初中生。他们向我诉说生活中的烦恼、学习中的困惑，把我当成知心朋友，当成未曾谋面的家长。在我的心里，我也把这些学生当成自己的孩子，总是像对待自己的孩子一样，和他们交流想法，解决他们心中的疑问。

很多人都建议我出一本书，毕竟，手捧散发着油墨香的纸质书，和碎片化的网络阅读有着本质的区别，放在网络收藏夹里的文章，也远不如床头的那本书读起来更方便。

感谢时代光华的策划编辑史守贝老师，是她的鼓励和支持，让我坚定了出书的信心。为了能够把内容更好地呈现给读者，几个月来，史老师从选题、定位到稿件的组织、打磨，做了大量工作，使得这本书能够精益求精。

感谢这本书的审读编辑，感谢整个出版过程中的每一位工作人员，感谢我的朋友和家人，这本书的顺利出版包含着你们的心血和智慧。我更要感谢我的微信公众号“明珠絮语”的读者朋友，是你们始终如一的支持，让我有了一直写下去的动力。

希望书中的内容，能够带给你惊喜。